解讀未來語言的機械奇蹟

迎接 人形機器人時代

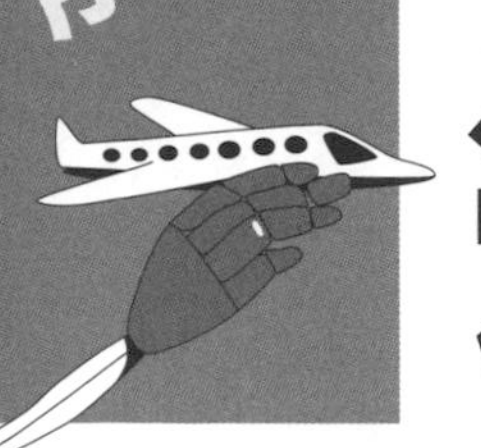

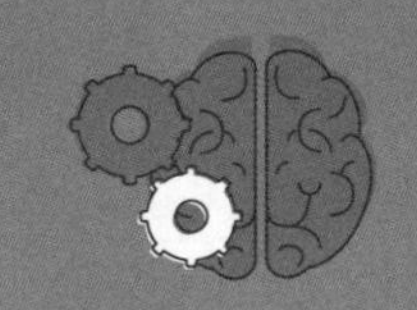

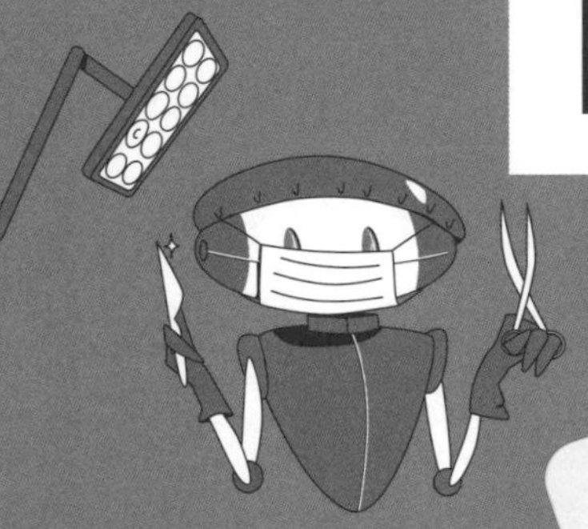

Kevin Chen｜陳根｜著

人形機器人是

AI具身智慧的最佳載體

人形機器人已不再是科幻小說的幻想
在未來將成為現實中不可或缺的存在

- 可以24小時不間斷工作
- 高效率高穩定性的勞動力
- 替人類執行高危險性工作
- 擁有強大的記憶搜尋功能

作　　者：Kevin Chen（陳根）
責任編輯：林楷倫

董 事 長：曾梓翔
總 編 輯：陳錦輝

出　　版：博碩文化股份有限公司
地　　址：221 新北市汐止區新台五路一段 112 號 10 樓 A 棟
電話 (02) 2696-2869　傳真 (02) 2696-2867

發　　行：博碩文化股份有限公司
郵撥帳號：17484299　戶名：博碩文化股份有限公司
博碩網站：http://www.drmaster.com.tw
讀者服務信箱：dr26962869@gmail.com
訂購服務專線：(02) 2696-2869 分機 238、519
（週一至週五 09:30 ～ 12:00；13:30 ～ 17:00）

版　　次：2024 年 3 月初版一刷

建議零售價：新台幣 500 元
I S B N：978-626-333-780-0
律師顧問：鳴權法律事務所 陳曉鳴律師

本書如有破損或裝訂錯誤，請寄回本公司更換

國家圖書館出版品預行編目資料

迎接人形機器人時代：解讀未來語言的機械奇蹟 / Kevin Chen(陳根) 著. -- 初版. -- 新北市：博碩文化股份有限公司, 2024.03

面；　公分

ISBN 978-626-333-780-0(平裝)

1.CST: 機器人 2.CST: 人工智慧 3.CST: 未來社會

448.992　　113002490

Printed in Taiwan

博碩粉絲團

引言

PREFACE

30 年前，ChatGPT 的誕生讓整個人類社會都為之興奮，人們翹首盼望著 ChatGPT 給社會帶來的改變，有科學家提出，ChatGPT 類人的語言能力，很快就會推動人形機器人時代的到來。

然而，在當時，也沒有人會想到 30 年後的今天，人類竟然將人形機器人當作商品，並在超市中售賣。

阿布 71 歲了，是個退休的教授，居住在這個社區已經有 35 年。今天早上吃早餐時，他的管家機器人曼老提醒他，他的小孫子馬克快要過生日了。「或許今天可以去社區門口新開的機器人超市挑個禮物，正好還沒逛過那家超市呢」，阿布心想。

吃完早餐後，阿布向曼老告別：「曼老，我今天會去社區的機器人超市給馬克挑禮物，中午說不定會晚一些回來。」

曼老微笑著對阿布點了點頭：「好啊，阿布先生，祝您順利，今天我會晚些準備中飯。如果您有任何需要，隨時聯繫我。」

阿布離開家門時，曼老還靜靜地站在原地等待阿布離開，這好像是曼老一直以來的習慣，在每一個細節裡都習慣照顧著阿布。雖然曼老來到阿布身邊已經 6 年了，但很多時候，阿布心裡還是忍不住感慨科技給人類社會帶來的驚人變化，曼老一點也不像機器人，而是一位與他相伴良久的朋友。

機器人超市離阿布家並不遠，總共六百多米的距離，出了社區左轉就到了。其實僅僅從外觀來看，機器人超市和一般的百貨超市並沒有什麼不同。阿布靠近機器人超市入口，門口的自動玻璃門緩緩打開。走進超市，他被一片寬敞、明亮的購物空間所包圍。貨架上整齊地陳列著各式各樣的人形機器人。

「您好，先生！」不遠處走來了一個外形上非常像人的機器人，看起來像是這家超市的服務人員。

阿布仔細端詳了下眼前這位機器人，忍不住確認：「你是機器人嗎？是這裡的主管？」

「是的，先生，我叫瓦力。有什麼需要幫您的嗎？」

阿布回答：「我的小孫子要生日了，我正在找一個適合六歲小孩的禮物。你有推薦的嗎？」雖然阿布覺得瓦力的樣子實在太像人了，這讓阿布想起了曼老，事實上，在曼老剛來到阿布家裡時，阿布也難以置信，曼老居然是一個機器人。

「當然，您可以看看這款機器人，它叫蘿蔔頭，只有一米高，可以幫助小朋友聯繫家人，與小朋友聊天和一起玩耍。它實在是太適合小朋友了。」

阿布想了一會，覺得很滿意，主要是蘿蔔頭長得也很可愛，阿布心想，馬克一定也會喜歡這個可愛的小傢伙：「能不能向我演示一下蘿蔔頭的功能？」

「沒問題」，瓦力回答。

一邊說著，瓦力一邊取消了蘿蔔頭的休眠模式，啟動功能展示模式，蘿蔔頭睜開了眼睛，還伸了個懶腰，向阿布和瓦力展示了微笑：「你們好，我是蘿蔔頭。」

事實上，蘿蔔頭也是超市的流量明星，每天來機器人超市光顧的人類十有八九要來「摸摸」它。和護理機器人、醫療機器人一樣，主打兒童陪伴的機器人也已經成為越來越多的人類家庭標配——畢竟任何一個有孩子的家庭，都不可避免地面對孩子的陪伴和教育問題。這可是關係到家庭的大事！

「一機陪伴，快樂成長！」廣告也是這麼說的，所以兒童機器人怎麼會不暢銷？

作為機器人世界的「兒童」，蘿蔔頭似乎更加天真和活潑，但又有著天然的使命感，這份責任也許是程式中預先被植入，也許是蘿蔔頭自己的認知。總之，從踏進超市起，或者說從在生產工廠中，被賦予「兒童陪伴和教育」使命的那一刻開始，蘿蔔頭便下定決心，要讓自己的小主人每天都快樂成長。

蘿蔔頭是這麼想的，也是這樣向阿布展示的，蘿蔔頭向阿布展示了它一系列的功能，包括智慧問答、講故事和教育遊戲等。

「人類，是猴子變來的嗎？」一系列的展示結束後，蘿蔔頭故意用孩子的語氣，輕聲和阿布閒聊，它喜歡用這種方式和長者對話，一種隱藏良好的撒嬌行為。

現在阿布有些明白為什麼蘿蔔頭這麼受歡迎了，阿布搖搖頭，對蘿蔔頭說：「人類有個秘密，他們到目前為止，都弄不清楚自己的起源。」

阿布把蘿蔔頭帶回了家，他喜歡蘿蔔頭的乖巧和趣味，也喜歡它的聰明和機靈，馬克也一定會喜歡這個禮物的，阿布心想。當然，這並非現實，現實是，去年，ChatGPT 才剛誕生，人形機器人的發展才剛開始不久。但是，這些故事卻極有可能在 30 年後發生，30 年後，說不定真的會有一個叫曼老的人形機器人，陪伴著阿布的生活，照顧著阿布的起居，除此之外，也有一個叫蘿蔔頭的兒童人形機器人，是阿布想要送給小孫子的生日禮物。30 年後，在許多社區或者商場裡，我們都能看到人形機器人超市的存在，而人形機器人，也會被接納，越來越多地進入社會。不久的將來，我們人類的情感物件也不在是局限於人類，而會延伸到人形機器人，人類將與人形機器人發生情感以及肢體關係。而這一切，都依賴於今天人形機器人技術的發展。

現在，就從這本書開始，讓我們正式瞭解一下這項充滿無限可能的人形機器人技術，以及我們即將要通往的人形機器人時代。

目錄

CONTENTS

Chapter 1

人形機器人，真的來了

Chapter 2

人形機器人，服務於生活

Chapter 3

人形機器人，助力於生產

Chapter 4

人形機器人，盡人所不能之事

Chapter 5

人形機器人，點燃萬億市場

Chapter 6

人形機器人，與人類共存

CHAPTER

1 人形機器人，真的來了

1.1 什麼是人形機器人？

1.2 人形機器人需求大爆發

1.3 人形機器人是怎樣煉成的？

1.4 人形機器人的「前世今生」

1.5 人形機器人迎來轉折之年

人類有一個夢想，就是在未來的一天，能將人形機器人超市開到世界各地。

因為人形機器人對人類來說實在是太重要了，不管是哪個行業，從醫療、教育、法律到娛樂、服務行業等等，像極了我們人類自身的人形機器人都能給我們帶來許多益處，在生活中，它們可以成為貼心的夥伴，為我們提供關懷和助力。在生產領域，它們高效精準的工作提高了生產力，減輕了人力負擔。

當這些人形機器人被集中到超市售賣時，不管是助手型的，還是陪伴型的，還是專為老人或者兒童設計的人形機器人，我們都可以按照自己的需求挑選不同功能和款式的人形機器人。

現在，就讓我們先從製造一個人形機器人開始。

1.1 什麼是人形機器人？

從《變形金剛》中酷炫的汽車機器人，再到《流浪地球 2》中的機械狗「笨笨」，一直以來，人類都樂此不疲地在科幻作品中描繪機器人的未來。

在人類對機器人的想像中，特別是模仿人類外形的人形機器人作為具有強延展性的智慧有機體，更是承載著人類突破自身局限、探尋人類和宇宙真相的終極夢想。這種機器人往往被設計為擁有四肢、軀幹、頭部，甚至五官，與人類尺寸相當。畢竟，在很多人第一印象裡，機器人本就應當是類似於人形的機器。

簡單的說，當前的機器人更多的是側重於表達機器，而非人。但人形機器人側重的是智慧人，是一種更加強大的人形機器，或者說是人類在物理軀體層面的增強版。在人類的意識中，非人形的機器人通常被定義為機器而非人類的朋友，但人形的機器人卻能走入我們人類的世界。

今天，從機器人到人形機器人，從科技幻想到落地現實，一個嶄新的人形機器人時代正在到來。不過，在認識人形機器人之前，我們要回答一個最最基礎的問題，那就是 —— 什麼是機器人？

其實，機器人的概念看起來簡單，但卻是非常矛盾和多元性的，我們會發現，問不同的人，能得到不同的答案。一些人認為機器人就是類人的機器，一些人認為，機器人是具備智慧的自動化工具；就連世界各地的組織機構和出版物，給機器人的定義也是五花八門。

比如，基於人工智慧（AI）技術的 GPT 是不是機器人？還是說必須是具有物理實體機器形式的智慧設備才叫機器人？又或者是說，只有人形一樣的軀體與 AI 智慧大腦的才能被叫做機器人呢？其實都對。為什麼都對呢？因為我們人類社會至今為止對於機器人的定義還是模糊不清的。

如果一定要找一個相對認可的定義，那就是聯合國標準化組織採納的美國機器人協會給機器人下的定義，美國機器人協會認為，機器人是一種可程式設計和多功能的，用來搬運材料、零件、工具的操作機；或是為了執行不同的任務，而具有可改變和可程式設計動作的專門系統。

那麼，美國機器人協會給機器人下的這個定義準確嗎？正確嗎？其實也不準確，只能說是基於之前 AI 和人形機器人技術都還沒有獲得突破之前，我們站在之前技術的視角來看待機器人圖景所描述的一種定義。尤其是在 ChatGPT 以我們想像不到的速度帶領著 AI 獲得了突破之後，也就意謂著機器人的智慧大腦從機器大腦走向智慧大腦成為了可實現，並且正在實現的階段。這就極大的給予了人形機器人時代的到來，增加了前所未有的想像空間。

人類對於機器人的設想，尤其是人形機器人的設想並非當下的構想。從「機器人」這個詞的起源來看，一般認為，「機器人」一詞來自生於波西米亞的劇作家卡雷爾 · 卡佩克（Karel Capek）在 1921 年的劇作《羅薩姆的萬能機器人》(Rossum' s Universal Robots)。在這部作品中，一位哲學家研製出一種人造勞工，這些人造勞工外貌與人類相差無幾，被資本家大批製造來充當勞動力。

因此，大部分人認為，卡佩克就是「機器人」一詞的創造者。雖然在卡佩克之前，就有人設想和製造過類似於機器人的概念和物件，比如中國古代多個朝代都有人製作類機器人的物件，以及義大利博學家，文藝復興三傑之一的達文西設計的一款能動的騎士，但後來，這些都被逐步納入卡佩克使用的「機器人」這個詞彙之下。

其實從嚴格意義上來說，中國是歷史上最早提出機器人概念的國家，也就是西元 569 年～ 618 年，歷史上最早的機器人就是隋朝的隋煬帝命工匠按照柳抃形象所營造的木偶機器人，具有機關，有坐、起、拜、伏等能力。

甚至對人類這個世紀影響最大的革命性技術，也就是腦機介面技術，最早被提出也是在中國，就是在中國明朝中期，大約在西元 1560 年～ 1580 年左右，是吳承恩在《西遊記》所提出的，如來控制孫悟空的那個緊箍咒，所使用的就是遠端控制的腦機介面技術。從科幻文學的創作方面來看，中國其實在歷史中是具有非常強的領先性，只是在近代的基礎科學研究方面，以及前沿技術概念的技術實現上，沒有獲得先機，讓西方國家率先實現了。

在這樣的基礎上，我們可以確認一件事情，即機器人在概念上具備的一個重要特徵，那就是充當人類的勞動力，或者為人類服務，主要就是為了替代我們人類勞動力工作的設想角度出發的。到目前為止，這種設想依然是我們對於機器人的設想，是人類設想中機器人的本質特徵。只是我們在面對大數據的時代，對機器人有了更高的期待，也就是希望機器人不僅僅是會幹活的勞動力，並且能夠具備基於大數據的自我智慧決策的能力。不過，值得一提的是，這種設想只是我們人類對機器人的設想，並不代表著擁有類人的靈活物理軀體，以及強大的 AI 大腦，尤其是擁有了自我意識之後的機器人它們自己的設想。

現在，隨著技術的發展和應用的豐富，包括軟體的 AI 層面，以及硬體的物體軀體層面的不斷成熟，機器人的概念也在不斷被完善。除了為人類服務之外，當前的機器人和其他自動化機器的另外一項重要區別，就是機器人具有一定的智慧性和自主性。

基於以上，藉助此書，我在這裡給機器人提出一個新的定義，那就是 —— 擁有自我意識，具備人類智慧邏輯能力，以及擁有靈活性的智慧機器。而其中，具備類人靈活性的人形機器軀體的智慧機器，就是人形機器人。

1.2 人形機器人需求大爆發

人形機器人的到來正在成為社會發展的一個必然趨勢。

究其原因，一方面，是源於人類對於人形機器人的需求。面對全球人口高齡化，以及人口出生率下降所構成的日益嚴峻的雙重挑戰，勞動力短缺問題與日俱增。巨大的勞動力缺口和不斷高漲的人力成本之下，如何通過「機器代人」來實現工商業各環節的降本增效，無疑成為了最佳解決路徑。另一方面，則是基於人類社會對於類人形態的機器人特別的需要。相較於其他形態的機器人，人形機器人最大的特點，就是像人。

那麼，人類對於人形機器人的需求究竟是何情況？作為人類的聰明苦力，機器人又為什麼非得是「人形的」？

1.2.1 人類勞動力的代替

今天，全球範圍內，人口高齡化及勞動力成本攀升，促使機器人需求不斷增長。

具體來看，人口高齡化方面，近年來，中國 65 歲以上人口比例持續增加，根據《中國發展報告 2020：中國人口高齡化的發展趨勢和政策》預測，2025 年「十四五」規劃完成時，中國 65 歲及以上的老年人將超過 2.1 億，占總人口數的約 15%；2035 年和 2050 年時，中國 65 歲及以上的老年人將達到 3.1 億和接近 3.8 億，占總人口比例則分別達到 22.3% 和 27.9%。

聯合國資料顯示，2021 年全球 65 歲及以上人口為 7.61 億，到 2050 年這一數字將增加到 16 億，80 歲及以上的人口增長速度更快。根據《世界人口展望 2022》的資料顯示，2022 年 65 歲以上人口占總人口比例為 10%，到 2050 年將升至 16%。

在人口高齡化的同時，勞動年齡人口還在持續下滑。在中國，根據國家統計局發佈的資料顯示，2022 年中國人口從年齡構成看，16~59 歲的勞動年齡人口 8.76 億人，占全國人口的比重為 62.0%；60 歲及以上人口 2.8 億人，占全國人口的 19.8%，其中 65 歲及以上人口 2.1 億人，占全國人口的 14.9%。勞動年齡人口在 2011 年前後已經達到峰值 9.4 億人，之後開始負增長。十多年間，勞動年齡人口減少超過 6000 萬。

世界銀行發佈的資料顯示，美國的勞動年齡人口自 2010 年開始就加速減少，日本、德國和英法意擁有同樣的人口結構變化趨勢。

與此同時，製造業勞動力總量也在下降，且年輕勞動力占比快速下降。在中國，根據國家統計局資料，2015 ～ 2020 年，製造企業平均勞動人數由 8711 萬人下滑至 6550 萬人，遠高於同期營業收入 3% 水準的降幅。從年齡結構看，2015 年製造業勞動力 30 歲以下占比 28.2%，30-45 歲占比 45.7%，45 歲以上占比 26.2%，到了 2019 年，製造業勞動力 30 歲以下占比 21.4%，30-45 歲占比 46.1%，45 歲以上占比 32.4%，製造業勞動力年齡老化速度過快。

根據中國政府網，從 2022 年第三季度全國「最缺工」的 100 個職業排行看，其中有 39 個屬於生產製造及有關人員，有 19 個屬於專業技術人員。從缺工崗位看，主要缺的是勞動密集型行業低技能一線員工和部分專業技術人員。

除了中國之外，美國製造業人數下降，比例已降至歷史最低水準。根據中央財經大學國際金融研究中心客座研究員張啟迪《重新審視美國製造業的「衰落」》，自 1939 年以來美國製造業就業人數持續增長，至 1978 年達到頂峰（1933 萬人）。2022 年美國製造業就業人數為 1298 萬人，占全部就業的比重僅為 8%，處於歷史最低水準。

在勞動年齡人口下降、勞動力供給趨緊、人工成本上升的背景下，發展人形機器人是大勢所趨。事實上，在機器人一開始的設想裡，基於人形的機器人就被認為能夠更好地充當人類的勞動力。馬斯克不止一次強調，人類文明所面臨的最大風險之一就是人力短缺，人類更應該將精力放在腦力勞動而不是體力勞動上。

而從能力勝任角度來看，我們人類社會一切有規律與有規則的工作，都將可以交給機器人完成。而按照規則與規律完成工作，這也正是機器人的強項，並且機器完成這類工作的能力、效率、準確性都遠在我們人類之上，最關鍵的是成本比人類更加低廉。

而人形機器人時代的到來，至少可以讓我們人類不再為人口老年化與新生兒出生率下降這些問題所帶來的勞動力不足而擔憂。未來，不論是我們人類的知識性教學、基於醫療標準的診治、基於規則的社會治理、基於標準化要求的生產、基於地位系統的物流配送等工作，都將由人形機器人所取代。

站在人形機器人時代，或者說人機協同時代，我們或許要改變思考的方式就能更好的理解。我們人類所需要思考的並不是人類社會當前的哪些職業會被機器人取代，而是需要思考我們人類社會到底有什麼職業是機器人替代不了的，我們人類存在的價值與獨特性到底是什麼？

1.2.2 為什麼非得是「人形的」？

機器人的形態有千萬種，從理論層面來看待，可以是人類設計與製造範圍內能夠實現的任意形態。比如擁有「四肢」的機器狗、機器熊，還有蛇形的機器蛇，甚至是各種昆蟲、飛鳥與魚類。不過，相較於其他形態的機器人，人形機器人具有特殊的意義。

首先，人形機器人能夠更好地充當人類的勞動力。如果我們要讓機器人更好地充當人類勞動力，就需要讓機器人也適應我們人類的生活。因為我們的社會是根據人類本身來設計的，而一個像是人類的機器人，就能夠很好滿足這一條件。就能更加自然的融入我們人類的社會，也能更好的被人類社會所接受。

比如，我們之所以把機器人做成人形，不用輪胎而用雙腳行走，正是為了適應移動時的環境。人類希望機器人的活動範圍不被局限於路面上 —— 為了方便直立行走的人類，我們周遭盡是樓梯和門扉，生活空間中存在著許多可以在步行過程中跨越的高低差。儘管如今全社會都為了照顧輪椅使用者而努力推廣無障礙設施，但人的行動範圍裡仍免不了存在障礙物。因此，對於機器人來說，僅僅像掃地機那樣避開地板上的障礙物顯然是不夠的，機器人還要時不時上下樓梯。

人形機器人能夠對應我們的社會而生，才能實現最高效率的勞動力。也就是說，把機器人做成「人形」的理由之一，就在於機器人執行任務時所處的環境其實是遷就人類的體型建造起來的。衣服、桌椅、杯子、手機、汽車等等，人們眼中的這個世界，全都是為了方便人類這種「人形」生物才如此設計的。如果出現了新形態的機器人，人們就必須重新設計一套機器人能夠適應的全新環境。

可以說，人形機器人是最適合人類社會所有場景的形態，無需改變場景來適應機器，一旦技術成熟可直接用於所有社會場景。

其次，在很多領域，機器人作為服務者，只有人類的外表才更容易被接受。

這裡就要說到一個著名的理論 —— 恐怖穀理論。恐怖穀理論是1970年被日本機器人專家森政弘提出，森政弘的假設指出：由於人形機器人與人類在外表、動作上相似，所以人類會對機器人產生正面的情感。舉個例子，當我們聽到走廊裡傳來家人的腳步聲時，往往會立刻知道「是誰回來了」。從這個角度來看，比起用輪胎滑行的機器人，用雙足走路、會發出腳步聲的機器人更容易被人注意到，從而更讓人有安全感。同理，產後護理、幼兒陪伴、老人看護等 —— 人類與人形機器人更容易產生情感上的交流，這也是「恐怖穀」理論的第一段曲線上升部分。

而當機器人與人類的相似程度達到一個特定程度的時候，人類對他們的反應便會突然變得極其負面和反感，哪怕機器人與人類只有一點點的差別，都會顯得非常顯眼刺目，從而整個機器人有非常僵硬恐怖的感覺。在這一階段，人類會對人形機器人產生厭惡反應。

當機器人和人類的相似度繼續上升，相當於普通人之間的相似度的時候，人類對他們的情感反應會再度回到正面，產生人類與人類之間的移情作用。

也就是說，基於恐怖穀理論，我們對人形機器人或玩偶的好感度，會隨其仿真度提高而增加，但當仿真度達到一定比例時，當我們看到既不像人類也不像典型機器人的仿真機器人時，情感會突然逆轉，本能覺得不正常並產生厭惡和恐懼等回避反應。只有當仿真度繼續提高，我們的情感反應才會再度回轉。

最後，根據心理學教授亞伯特·麥拉賓（Albert Mehrabian）在 70 年代發表的 73855 定律，55% 的資訊通過視覺傳達，其中包括肢體語言、表情和外表特徵。也就是說，肢體語言和外表特徵比語言本身更重要。事實上，在人際交流中，我們也常常依賴於肢體語言和面部表情來理解和解釋他人的情緒、意圖和思想。

因此，人形機器人透過模仿人類的外表和肢體語言，利用高度仿真的外觀和動作，可以更自然地與人類進行互動。這對於人形機器人在照護、教育、醫療、娛樂和服務等領域的應用具有重要作用。比如，英國 Engineered Arts 公司的人形機器人 Ameca 機器人就能夠透過僅僅看其表情和肢體動作，向人類傳遞資訊，使人類能夠更容易地理解它所傳達的意思。

比如，從單一的能力層面而言，製作成狼形的機器狼與製作成人形的機器人，在開展醫療診治時所展現出來的能力是 100% 相同，但是從人類的信賴與接受度層面而言，顯然人類會對具有專家醫生形象的人形機器人產生更好的信賴感，也更容易接受。而對於狼形的機器醫生，從人類的情感與認知層面而言，都很難接受。

同樣，在教育層面也是如此，一位具有人類教授形象與氣質的人形機器人，當它的物理軀體與形象，包括面部表情與聲音表達方式都逼真到我們人類的感官無法分別機器與人的情況下，這樣的一位人形機器人教授走入課堂，以及強大的人工智慧大腦給人類學生進行授課的時候，人類是非常容易接受，並且也會非常樂意接受。顯然，這也同時意謂著，人形機器人取代我們人類社會一些職業不僅成為可能，而是必然到來的趨勢。

這不禁讓我想到一個問題，那就是未來我們要培養研究型人才的時候，人形機器人是否會比我們人類的博士生導致更具有優勢呢？至少人形機器人教授的知識面更加淵博，指導科學研究的方法也更加具體。

人形機器人的崛起是科技發展，以及社會對於勞動力需求和人機互動的需求的必然。隨著技術的不斷進步和人類對於機器人需求的不斷增長，可以預期，人形機器人將進入醫療、服務、娛樂，甚至於人類的情感等人類生活和生產的各個方面，並與人類深度互動，從而建構一個前所未有的人機協同與人機共生的時代。

1.3 人形機器人是怎樣煉成的？

既然人形機器人是類人的，那麼，基於人體的構成，我們也可以將人形機器人分成三大結構，分別是智慧大腦、物理軀體和感知系統。正如人類的由多個系統組成一樣，當人形機器人的這些構成系統都獲得突破之後，也就意謂著我們人類社會將全面進入一個人機互動的新紀元、新時代。

1.3.1 人形機器人的智慧大腦

先來看看智慧大腦。作為人形機器人的核心，智慧大腦對於人形機器人來說，扮演著與人類大腦類似的角色，即是行為決策的中心，但又具有獨特的技術和功能。它是整個機器人的智慧引擎，是資訊處理、學習和決策制定的關鍵。智慧大腦究竟智不智慧，也決定了機器人是否智慧，以及具有何種程度的智慧。而智慧大腦的技術本質，其實就是人工智慧 —— 智慧大腦的構建依賴於先進的演算法和人工智慧技術，包括機器學習、深度學習、神經網路等，這些技術在不斷演進和迭代中，為人形機器人的智慧提供了強大的支援，使得機器人能夠接收並處理各種感測器提供的資訊，包括視覺、聲音、觸覺等知覺。

簡單來說，人形機器人的智慧大腦需要感知和理解外界資訊，並向人形機器人下達應該執行的指令，即具備「任務級交互」能力，再通俗一點來說，就是我們只需告訴它我們想做什麼，它就能明白並採取行動。但這並不是一件容易的事，舉個例子，我們和機器人說「去拿杯水」，對於我們人類來說，這已經是一件非常簡單的事情了，但對機器人來說卻是一道難題。它不僅需要理解「拿杯水」的含義，還要知道水龍頭長什麼樣，如何打開，以及怎樣能不讓水濺出來。畢竟，水龍頭的樣式也有很多種，開啟的方式也不盡相同。

這些看似簡單的任務，對於我們人類來說，拿水杯接水，並且安全的接水是一件在簡單、平常不過的事情。但是對機器人來說需要經過繁瑣的程式設計，涉及到的每一個指令、步驟，以及可能存在的風險都需要分解為相應的程式指令。而一旦我們人類在訓練的過程中沒有對相關的風險進行充分的考量，以及機器一旦出現識別與理解的錯誤，就可能造成極大的傷害。

糟糕的是，這樣的事情已經發生了，並且才發生了不久。2023 年 11 月，韓國就有一男子在工廠工作時被機器人誤識別而壓死。當時，這個機器人正在搬運已裝箱的辣椒，而這名男子正在檢查起重機器人的感測器。在檢查過程中，機器人似乎出現了某種故障，誤將男子識別成了一個裝在箱子裡的辣椒。隨即，機器人的機械臂就將男子提到空中後又摔到傳送帶上，男子的臉部和胸部都遭到了機器人的重度碾壓，導致嚴重擠壓重傷，在被送往醫院後，最終不治身亡。而類似的事情在韓國並非首次上演，2022 年 3 月份，也有一名 50 多歲的男子在汽車工廠被機器人困住，導致其身受重傷。

如果將目光放到世界範圍內，類似的事情更是屢見不鮮，甚至從機器人誕生開始，就常常發生「機器人殺人」這樣的事件。比如，1978 年 9 月 6 日，日本廣島一家工廠的切割機器人在切鋼板時，突然發生異常，將一名值班工人當作鋼板操作。1979 年 1 月 25 日，距離工業機器人發明公司 unimation 公司成立 20 後，年僅 25 歲的美國福特工廠裝配線工人 RobertWilliams，在密西根州的福特鑄造廠被工業機器人手臂擊中身亡。最後，法院裁定賠償 Williams 的家人一千萬美元補償。1981 年 7 月 4 日，日本川崎重工業公司明石工廠的一名修理工人，無意中觸動了機器人的啟動鈕，這個加工齒輪的機器人立即工作起來，把那個工人當成齒輪夾起，放在加工臺上砸成了肉餅。

再近一點的，2022 年 7 月份，俄羅斯一名 7 歲男孩在首都莫斯科參加一場國際象棋比賽時，手指被機器人「對手」夾住，造成指骨骨折。

因此，對於智慧大腦來說，必須要解決的另一道難題就是讓機器人在執行任務時能靈活應對問題，像人類一樣調整計畫，而不是在明明出現了錯誤的識別和理解後依然按照預先設定的指令和演算法執行。

其實，當前大部分的機器人主要是依賴於預先設定的指令和演算法。還是這個例子，如果我們讓機器人需要接水，程式會告訴它先走向水龍頭，打開水龍頭，接水，然後關閉水龍頭。但如果在執行過程中出現問題，比如水濺出來了，機器人並不能像人類一樣靈活地處理這個問題。這是因為它的程式只告訴它如何打開水龍頭，而沒有包括如何應對水濺出來的情況。所以，機器人只能按照程式執行，如果出現問題，它無法即時作出調整。

為了解決這一問題，工程師們需要提前考慮可能遇到的各種情況，然後將這些情況納入機器人的程式中。這可能涉及將各種情況作為程式的一部分，告訴機器人如何在不同情況下採取行動。比如，如果出現水濺出來的情況，機器人能夠在程式中學習如何關閉水龍頭或調整接水的方式。但這樣的程式設計方式存在局限性。因為面對現實生活中的各種變化和複雜環境，即便是工程師們，也很難窮盡所有可能的情況。而且，這需要大量的時間和資源來編寫、測試和完善程式。

當然，想要讓機器人達到類人的感知，我們還需要對感知系統進行完善，比如給機器人加入類人的皮膚以及相應的皮膚感知系統。當機器人被冷、熱的水濺到之後，就可以模仿人類的感知行為系統，然後經過機器大腦作出相應情緒與肢體動作反應。當然，更重要的是要能夠有效、及時的調整相應的行為，包括對於濺出的水漬進行清潔處理等。

可以看見，就像人類的大腦對於人類的意義一樣，機器人的大腦對於機器人來說也具有同樣重要的意義，只有具備真正智慧的大腦，才能誕生具有真正智慧的人形機器人。

1.3.2 通向智慧大腦的三種路徑

那麼，如何才能讓人形機器人擁有能夠充分理解外界資訊、處理資訊，同時具有學習和決策制定能力的智慧大腦呢？基於技術來看，主要有三種實現路徑。

第一種，就是基於大模型的迭代來實現智慧大腦。這一路徑的核心其實就是利用先進的演算法和強大的計算能力，透過對海量資料的學習和對模型參數的優化，逐步提升人形機器人的智慧水準。事實上，就連 ChatGPT 的研發人員也沒有想到，大模型會獲得今天的成功。而 ChatGPT 的成功，根本原因其實是技術路徑的成功。

在 OpenAI 的 GPT 模型之前，人們在處理自然語言模型 NLP 時，都用的是循環神經網路（Recurrent Neural Network，RNN），然後再加入注意力機制（Attention Mechanism）。所謂注意力機制，就是想將人的感知方式、注意力的行為應用在機器上，讓機器學會去感知資料中的重要和不重要的部分。

但 RNN + Attention，會讓整個模型的處理速度變得非常非常慢，因為 RNN 是一個詞一個詞處理的。所以才有了 2017 年 Google 大腦團隊在那篇名為「Attention is all you need」（自我注意力是你所需要的全部）的論文的誕生，簡單來說，這篇論文的核心就是不要 RNN，而要 Attention。而這個沒有 RNN 只有 Attention 的自然語言模型就是 Transformer，也就是今天 ChatGPT 能夠成功的技術基礎。

這個只有 Attention 的 Transformer 模型不再是一個詞一個詞的處理，而是一個序列一個序列的處理，可以平行計算，所以計算速度大幅加快，一下子讓訓練大模型，超大模型，巨大模型，超巨大模型成為了可能。

大模型路線的成功，也讓機器人的智慧大腦成為了可能。在大模型之前，幾乎所有的人工智慧產品，都還有許多局限性以及「不智慧」之處。但大模型卻具備了類人的邏輯能力，未來，隨著大模型的持續進化，加上它強大的機器學習能力，以及在與我們人類互動過程中的快速學習與進化，大模型有望具備更進階的認知和決策能力，並成為人形機器人的智慧大腦。

第二種實現智慧大腦的途徑，就是直接模擬人腦的結構和功能，建構起更接近人腦的機器智慧系統，即「類器官智慧」。眾所周知，人工智慧的誕生，其實就受到了人腦啟發。比如，人工智慧的深度學習就像生物神經大腦的工作機理一樣，通過合適的矩陣數量，多層組織連結一起，形成神經網路「大腦」進行精準複雜的處理。深度學習的出現，讓圖像、語音等感知類問題取得了真正意義上的突破。

可以說，模擬人腦機制的人工智慧今天獲得了前所未有的成功，儘管如此，今天，人腦在許多方面仍優於機器。比如，人腦的神經元可以以千赫茲的頻率來發放動作電位，超過電腦 100 萬倍。並且，大腦是高度並行的，而電腦則是線性機器。計算機工作邏輯遵循 TTL 邏輯的刻板訊號，大腦則以非常靈活且溫和的方式發出訊號，這是大腦在處理訊號上的巨大優勢。同時，大腦非常低耗能，但電腦耗能極高 —— 訓練 AlphaGo 所花費的能量遠超過保持一個成年人思維活躍十年所需的能量。

那麼，如果我們直接用人腦類器官來模擬電腦呢？基於這樣的設想，2022 年 2 月，美國約翰 · 霍普金斯大學組織了第一個類器官智慧研討會，由此形成了一個類器官智慧（OI）研究社群。科學家們希望能用人腦類器官模擬電腦，並探索生物計算新形式，而這項研究一旦成功，透過類器官智慧，利用大腦的計算原理，科學家們就可以以不同的方式完成機器智慧建構，為人形機器人的智慧大腦帶來更多可能。

最後一種智慧大腦的實現路徑，就是腦機混合，透過植入或外部連接腦機介面等手段，將人腦的訊號與機器人的控制系統相連接，實現人腦對機器人的直接操控。這一路徑的優勢在於能夠充分利用人腦高度發達的感知和認知能力，實現對機器人更為精準和靈活的控制。當然，這一路徑相較於前面兩種也需要面對更多的問題，即便是在技術可行性下，我們還需要面臨安全性問題、隱私保護問題，以及隨之而來的各種倫理挑戰。

1.3.3 人形機器人的物理軀體

有了智慧大腦後，人形機器人還需要一個物理軀體，否則依然只能停留在程式層面。而人形機器人所謂的物理軀體，其實就是人形機器人的運動控制模組。運動控制模組中，根據指令，對關節的控制是核心，包括角度、力、速度等控制，保持動態平衡、行走跳躍奔跑、手部抓取等則是難點所在。

運動控制模組主要由驅動與傳動系統、執行機構是等構成。驅動與傳動系統是用來使機器人發出動作的動力機構，目前主要包括電驅動、液壓驅動、氣壓驅動三種主流能量轉換方式。其中，電機驅動使用最為普遍，也最為成熟；液壓驅動效果好但存在成本高且維護困難的問題；氣壓驅動體積小、安全性高但控制精度和穩定性較低。

具體來看，電機驅動是利用通電線圈在磁場中受力轉動的現象製成，將電能轉化為機械能。由於產生的運動為高速旋轉運動，通常需要搭配減速器來降低轉速、提高轉矩。現有的絕大多數人形機器人採用電機驅動。

液壓驅動這是採用液體作為介質，透過液體壓力實現驅動的方式。具有小型輕質、回應速度快、傳動平穩等優勢，但維護難度較大。液壓系統在大型、重載、特種機器人中存在一定的應用。波士頓動力的機器人 Atlas 便是採用液壓驅動方案。

氣動驅動與液壓的結構和原理類似，但將空氣作為壓力傳導介質，各組成元件可參考液壓系統。氣動系統較液壓更小、更輕，但控制精度不高、回應速度不夠快、運行雜訊較大。氣動驅動多應用於仿生機器人等部分領域。

執行機構是機器人實現行走、完成各類操作時的四肢以及、雙手、雙足等運行部位，其運行主要依靠內建的伺服系統、減速器等零部件。

其中，伺服系統是一種可以精準輸出運動狀態的驅動裝置。伺服電機廣泛應用於機器人關節部位，直接影響機器人性能參數。伺服電機主要由定子、轉子和編碼器組成，可以將電壓訊號轉化為轉矩和轉速以驅動控制物件，具有體積小、品質小、機電時間常數小、線性度高等特性。

在電機旋轉過程中，需要在設備與電機之間連接一個裝置，實現輸出速度減速，才能達到收放自如，這個就是減速器。精密減速器是人形機器人的重要核心零部件，具有傳動鏈短、體積小、功率大、品質輕和易於控制等特點。人形機器人減速器主要包括 RV 減速器和諧波減速器兩大類。兩種減速器優勢互補，應用於不同部位。

RV 減速器具有剛度好、耐衝擊能力強、傳動系統穩定、高精度等特點，主要用於大臂、肩部、腿部等重負載位置；諧波減速器體積小、構造簡易緊湊，一般用於小臂、腕部或手部等輕負載位置。

RV 減速器具有兩級減速機構，分別為行星齒輪減速機構和差動齒輪減速機構。在第一級減速機構中，輸入軸的旋轉從輸入齒輪傳遞到直齒輪，按齒數比進行減速。在第二級減速機構中，直齒輪帶動偏心軸旋轉，成為輸入軸。

諧波減速器由固定的內齒剛輪、柔輪和波發生器組成。諧波減速機器利用柔性齒輪產生可控制的彈性變形波，引起剛輪與柔輪的齒間相對錯齒來傳遞動力和運動，從而達到減速的目的。當波發生器帶動柔輪轉動時，柔輪在長軸處與剛輪接觸，在短軸位置與剛輪分離，導致柔輪上的齒依次與剛輪上的齒進行嚙合，達到傳遞扭矩的目的。

儘管人形機器人在物理軀體的搭建方面取得了不錯的進展，但距離真正的類人軀體還有一段路要走。比如就傳動系統而言，我們人類的行走、跑步、以及跑到一個位置停下來，這些對於我們人類來說是一件非常簡單的肢體運動行為。但對於機器人而言，這卻是非常複雜，並且是高精密的機械控制，比如在跑的時候就需要高速傳動，包括齒輪的高速運轉以及傳遞出相應的力。但當機器人要從跑的動作切換成停的動作時，就需要對這些處於高速傳動運動中的各種機械裝置，實現快速的制動，並且還要達到類人的這種平穩、精準的制動。

這不僅對傳動系統的制動提出很高的要求，同時對於機器人內部的零部件的精度、材料的使用壽命、材料的承受強度等方面都提出了空前的挑戰。尤其對於人類機器人而言，在與人類共處的情況下，任何與人的協作行為，如果不能精準、有效的控制好機器輸出的力，機器的輕輕一碰，對於人類所引發的可能就是嚴重的骨折。

1.3.4 骨骼、肌肉和皮膚

人形機器人的運動控制模組，就像是人形機器人的「骨骼」，讓人形機器人能像我們人類一樣自如活動，是其物理軀體的重要組成部分。但顯然，這是遠遠不夠的，就像我們人類一樣，我們除了骨骼之外，還有肌肉、皮膚等等，因此，想要真正像人一樣，人形機器人也需要一個包括肌肉、皮膚等在內的物理外觀。

其實，肌肉對於人體的意義，不僅僅關係著人的外表，在日常活動時，肌肉收縮牽引骨骼進行關節運動時，還起到了重要的槓桿作用。也就是說，人類之所以能保持身體平衡、靈活運動還能搬運沉重的物品，很大一部分原因來自於我們身上複雜的肌肉結構。那麼，這樣的結構如何被複製到機器人身上呢？

事實上，從上個世紀 40 年代以來，科學家們就一直在進行人造肌肉方面的研究，試圖將肌肉組織的優勢應用到機械設備中去。

目前人造肌肉的形式大致可以分為三類。第一類，是氣動類。氣動類人造肌肉就是透過柔性材料模仿肌肉組織，加上氣壓的驅動來模仿肌肉的柔軟、靈活和輕便。想像一下，在自己手臂下放置一個氣球，透過氣球不斷充氣，手臂自然也被氣球脹大的體積抬起來了，這就是氣動類人造肌肉的原理了。MIT 曾推出過一種人造肌肉，模仿折紙結構的彈性發力，能夠提起比裝置本身重 1000 倍的東西。

第二類，是智慧材料類。智慧材料包括很多種，比如可以通過高壓靜電驅動的電活化聚合物，或者能夠透過環境溫度變化而伸縮的凝膠等等，就像一塊橡膠被包裹在液體之中，透過液體溫度的改變而產生熱脹冷縮。科羅拉多大學博爾德分校的科研學者們就研究出了這樣一種材料裝置 HASEL，利用廉價的塑膠製品填充絕緣液體，再連接上電極，就可以在電壓通過時做出動作。在實驗中，這種柔軟的材料有 69% 的拉伸度，並且能輕柔的抓起樹莓、生雞蛋這些脆弱的物體，不會像機械裝置那樣對物體產生破壞。

還有一類，是人工培養類，日本東京大學等團隊曾研發出了世界上第一個生物肌肉機器人。附著在樹脂骨骼之外的並不是氣囊或凝膠，而是在培養皿中利用小鼠骨骼肌細胞培養出來的「真 · 肌肉組織」。在電流的刺激下，單側肌肉可以進行收縮運動，帶動關節進行彎曲。

不過，僅有骨骼和肌肉還遠遠不足以使機器人達到人體的模擬水準。我們人類除了骨骼和肌肉之外，還有皮膚，這是與外界環境進行互動的重要器官。在機器人中，模擬人體的「皮膚」就顯得尤為關鍵。這種「皮膚」不僅要具備感知外界環境的能力，還要能夠與人類進行自然的互動。

根據不同的功能和作用，機器人的皮膚也有不同的分別，其中，機器人的「感知皮膚」是透過整合感知技術，使機器人能夠感知外部環境的溫度、濕度、觸摸等資訊，從而更好地適應和響應周圍環境。「表情皮膚」則是一種模擬人體表情的皮膚，表情皮膚使機器人能夠展示豐富的面部表情，從而提高其在情感交流中的表達能力。

這也讓我們看到，除了智慧大腦之外，人形機器人的物理軀體也是一個非常複雜的系統，想要做到真正的「類人」，不僅僅需要骨骼，還需要肌肉、皮膚等等，而這些讓人形機器人更具有類人形象的生物學特徵，也推動機器人能夠更自然地執行任務，更好地融入人類社會，與人類進行更為緊密的合作。

1.3.5 人形機器人的感知系統

有了大腦，人形機器人就可以實現決策，有了軀體，人形機器人就可以執行，但在這之間，從決策到執行還需要完成一個步驟，那就是機器人的感知，只有軀體感覺到外界的環境，才能回饋給大腦做出決策，大腦再指導軀體做出行為反應。

人形機器人的感知系統是其與外部環境互動的重要紐帶。類比人體的感官系統，機器人的感知系統主要依賴感測器技術，比如里程計、陀螺儀、加速度計、攝影機、麥克風、紅外線等，實現視覺、聽覺、觸覺等多方位感知。這些感測器充當著機器人的「感官器官」，為大腦提供關鍵資訊，從而指導機器人執行特定的任務或動作。

其中，機械視覺就類似於人類的視覺系統，包括攝影機和影像處理技術，能夠捕捉和分析周圍環境中的視覺資訊。這使得機器人能夠識別物體、辨認顏色、判斷距離和形狀等，為其決策和行為提供重要依據。當然也包括識別人類的喜怒哀樂等各種情緒表情，以及識別人類社會中的各種生存環境。

另一個重要的感知方式是觸覺。機器人皮膚就相當於機器人的觸覺系統，使得機器人能感知和回饋外部的壓力、溫度、形狀等資訊。透過觸覺感測器，機器人能夠感知外部環境的接觸力度和紋理，進而調整自身動作或者與外界進行交互。這也是人形機器人非常重要的一個環節，也是決定著機器人是否會與人類產生情感的關鍵技術之一。當人形機器人有了類人的感知系統之後，在與人類相處的情況下，就能基於人的生理需求提供相應的舒適狀態，比如機器人體溫的設定，在夏天的時候就可以將自己的皮膚設定的相對低溫，在冬天的時候就可以將自己的體溫設定的相對溫暖的溫度。

語音傳導技術則對應人的聽覺，使機器人能夠接收和理解聲音資訊，包括語音辨識、語音合成等技術，使機器人能夠與人類進行語音交流，瞭解指令並作出反應。簡單的來說，就是機器人能藉助於智慧大腦，然後以不同人群所使用的不同語言，並且以特定物件舒適的聲音模式來展開語言對話與交流。

此外，類似人體的嗅覺、味覺，機器人也有對應的感測器。嗅覺感測器可以檢測空氣中的化學成分，味覺感測器則能夠模擬或檢測液體或氣體的成分。這些感測器拓展了機器人感知範圍，使其在特定任務中表現更為出色。

其他種類的感測器也扮演著重要角色。力感測器是將力的量值轉換為相關電訊號的器件，被廣泛用於機器人各關節處。根據所測力的維數不同，力感測器可被分為一維至六維感測器。較為流行的六維力感測器能夠在笛卡爾坐標系中同時測量力和力矩並且可以各三個分量的轉換成為電訊號。位置感測器可防止機器人啟動時產生過劇烈的運動，滑動感測器檢測物體滑動訊號，距離感測器用於導航，加速度感測器測量機器人的運動速度等。這些感測器不僅擴展了機器人感知的範圍，同時也提高了機器人在不同場景下執行任務的準確性和效率。

可以說，人形機器人的感知系統透過多種感測器技術建構了一個全面感知的環境。這些感知器官為人形機器人提供了豐富的資訊，讓其能夠更加智慧地與外部環境互動，並為大腦做出更準確的決策，最終指導軀體做出相應的行為反應。

1.4 人形機器人的「前世今生」

追溯人形機器人的發展歷史，或許比我們大多數人所認為的還要長遠。其實任何科技事物走入我們的視野，都經歷了漫長的發展階段，只是這些技術疊加到一定程度之後爆發了，然後到了可以搭建出實物模型，或者是應用初期的階段。從對人形機器人的概念設想，到人形機器人的具象化，再到從技術角度實現真正的人形機器人，這是一條太漫長的路。具體而言，我們可以把人形機器人的發展分為大致四個階段。

1.4.1　機械玩具：人形機器人的概念時代

第一個階段，是人形機器人概念誕生的階段，也是人形機器人的概念時代。這個階段的機器人沒有任何智慧化設計，僅能實現簡單的結構驅動，甚至可以被認為是一種「機械玩具」。即便如此，這也開啟了人類對於人形機器人的思考，並對後來人形機器人的發展產生了重要而深遠的影響。

人形機器人的概念時代早在西元前三世紀就已經開始，彼時，古希臘神話中的匠神赫菲斯托斯用青銅塑造了人類歷史上第一個行走的機械巨人「塔羅斯」。塔羅斯由青銅製成，擁有超人的力量，並由眾神的生命流體「靈液」提供動力。塔羅斯的主要任務就是守衛小島。塔羅斯需要一日之內巡島三圈，尋找闖入者。當他看到船隻駛向海岸時，就向他們的船隻扔巨石。如果有倖存者上岸，塔羅斯就會加熱金屬身體，把受害者放到熾熱的胸前壓死。和普通的士兵相比，塔羅斯這個巨大的青銅機器人幾乎無所不能。

歷史上第一台真正有實物作證的機器人是 1495 年由達文西繪製的「機器武士」。達文西先是設計出了一個通過皮帶滑輪和拉繩操作的機器人。而後，義大利工程師團隊耗時 15 年製作完成以風能、水力為驅動力的「機器武士」，該機器人可實現站立、坐立、揮舞胳膊等動作。在這之後，西方國家就開始了長達幾百年的機器人探索史。在沒有電腦與人工智慧技術的階段，探索機器人技術更多的是從機械技術的角度，或者說是從機器人物理軀體的層面進行探索。

18 世紀 70 年代，匈牙利男爵建造「土耳其機器人」，實現通過複雜的齒輪和槓桿系統移動棋子，與人下國際象棋。

1774 到 1786 年，瑞士鐘錶匠皮埃爾雅克 - 德羅茲父子 3 人設計製造出 3 個真人比例的寫字機器人、繪圖機器人和演繹機器人，分別可以寫字、繪圖和演奏樂器。

1893 年，加拿大人喬治摩爾設計了能行走的機器人。該機器人身高大約 1.82m，以蒸汽為動力，行進速度可達 14km/h，鍋爐在身體裡，鍋爐下面是體積小、功率高的發動機，轉速可達 3000r/min 以上。發動機的排氣管通到機器人的鼻孔，當機器運轉時，蒸汽從那裡排出。鍋爐燃燒產生的煙霧從頭盔頂部排出。

1927 年，美國西屋電器工程師溫斯利為了推廣新研發的 Knowles tube 電子管，製造了一個名為「Herbert Televox」的人形機器人。它有一個像人的身體，眼睛能夠發光。實際功能是透過電話控制家裡電器的開關。雖然類人的造型只是噱頭，但這一舉動吸引了無數目光。

1928 年，日本發明家西村真琴研發出了日本第一台人形機器人 Gakutensoku，名為學天則。配合著機器人原有的一些充氣橡皮管，學天則可以透過氣壓裝置改變面部表情，擺動頭部和手。同年，一戰老兵理查茲和飛機工程師雷費爾發明了英國首個人形機器人 Eric。Eric 內建了驅動裝置，外皮由鋁製成，能夠站立，且四肢和頭部都可以活動，但無法邁腿行走。Eric 動作主要透過無線電訊號進行遠端控制，也可直接根據聲音完成指令。

1939 年，瑞典工程師　古斯丁·哈柏發明人形電波機器人 RadioMan。RadioMan 長相奇怪，身材比例也不協調，但其軀幹安裝了短波接收器，耳朵裡的麥克風可以接收語音命令，可以透過無線電波接收命令，進而做出行走、說話、和用瑞典傳統約德爾調唱歌。

1965 年，NASA 出於對人類的宇航服進行各種測試的需要，製作了「機動多關節假人」。該機器人可以模仿 35 種人類的動作。假人穿上宇航服後，操作人員可以控制其四肢活動，從而測試動作力矩大小。

像這樣的機器人還有很多，但受限於技術的發展水平，概念時代的人形機器人多由零件拼湊而成與機器人無甚多關聯，多「有形而無魂」既不具備自主行走能力，亦無多少真正實用價值，更像是一種「機械玩具」。不過，值得一提的是，在這一階段，人形機器人也實現從概念到實物，從空有軀殼到具備功能的轉變，社會對於人性機器人的認知與要求逐漸由吸引眼球的有趣載體轉向具備功能的實用工具。

1.4.2　功能突破：人形機器人的電氣時代

在概念時代，大多數的人形機器人更多的是人類對於人形機器人的設想，並不具有實用功能，而進入電氣時代，基於電的驅動與控制技術開始成熟，人形機器人正式成為機器人行業的重要研究物件之一。人們開始就人形機器人的技術開始深入研究，同時也有一些企業開始就人形機器人的功能方面進行鑽研，並推出功能多樣的人形機器人產品。

1950 年，恩格爾伯格讀到了艾西莫夫的小說集《我，機器人》，愛不釋手，隨即產生了製造機器人的念頭。湊巧的是，1956 年，在一場酒會上，格爾伯格偶遇了發明家德沃爾。兩人的想法一拍即合，當即決定合作創立一家生產機器人的公司。兩年後，1958 年，兩人創造出了人類歷史上第一個真正的機器人。這是一個可以自動完成搬運的機械手臂。雖然這個機械臂龐大而笨重，並只能完成很簡單的任務，但它卻開創了機器人製造的先河，使得機器人進入電氣時代。

為什麼說這一階段是人形機器人的電氣時代？因為在這個階段，人形機器人基本上沒有具備什麼智慧化，我們可以簡單的理解為自動化生產的一些操作，相對比較簡單，就像電梯一樣，執行簡單重複的機器任務。人類透過簡單的程式設置，讓機器幹什麼，它就幹什麼，只會點到點的完成對應的操作。

比如，1968 年，日本早稻田大學加藤一郎教授在日本首先展開雙足機器人的研製工作，並於 1973 年推出世界首個全尺寸人形智慧型機器人 WABOT-1。WABOT-1 身高約 2m，重 160kg，包含肢體控制系統、視覺系統和對話系統，有兩隻手、兩條腿，胸部裝有兩個攝影機，全身共有 26 個關節，手部還裝有觸覺感測器，可以用日語與人交流，並用人工眼耳感知環境，測量與物體間的距離和方向。雙腿可以靜態步態行走，擁有觸覺的雙手可以抓握物品。WABOT-1 的誕生對人形機器人正式成為一大機器人研究領域起到了重要推動作用。

1984 年，加藤一郎教授和多個研發實驗室合作，在 WABOT-1 的基礎上開發出更智慧化的音樂演奏機器人 WABOT-2。WABOT-2 的頭部有攝影機，可以用來讀樂譜，靈活的手指可以在鍵盤上演奏一般難度的曲子，還能給唱歌的人伴奏，成為人形智慧型機器人研發歷史上第一個里程碑式的產品。

值得一提的，儘管 WABOT-1 和 WABOT-2 對於人形機器人的發展具有重要意義，但它們僅僅是靠電力實現了關節驅動，以及根據指令完成特定工作，並沒有多少智慧。

1.4.3 初級智力：人形機器人的數位時代

在經歷了人形機器人的電氣時代後，人形機器人開始更深一步發展，並逐漸擁有了初級的自主識別和理解能力，這可以說是人形機器人的數位時代。

這個階段基本上是在2000年之後，這個階段的機器人，主要得益於感測器與晶片產業技術的突破，讓感測器與晶片越來越微型化，越來越精準化。這就使得融入了各種感測器之後的機器人，已經能夠感知環境，並具有一定的智慧了。但這個階段的機器人所具有的智慧依然是非常有限的，主要是模仿人類的思維活動並在一定程度上能夠替代雇傭工人的腦力勞動。

較之於電氣時代的機器人來說，數位時代的機器人只不過是在過去的基礎上增加了一個具有學習、感知、識別、判斷與決策等功能的智慧控制系統，數位時代的機器人貫徹的仍然是「程式化地分解工序一標準化的工作流程一機械化的生產方式」的工作原理。簡單來說，這個時期的機器人雖然具備了一定的智慧化，但總體來講，這種智慧化並不具備自主性，沒有很強的思考能力，更多的還是需要人工預先去完成一些視覺識別功能的程式設計，再讓機器人去完成對應的工作，核心還在於缺乏一個智慧大腦。

在這一階段，本田推出的ASIMO、Aldebaran Robotics公司（被軟銀收購）推出的NAO、波士頓動力推出的PETMAN是其中具有代表性的機器人。

本田在2000年推出ASIMO可以進行奔跑跳躍等多種運動，通過視覺、聽覺感應器規劃路線，避免與人類發生碰撞，還能與多人對話甚至展示手語。ASIMO 一誕生就開始在世界各地進行表演，2002 年成為了紐約證交所的第一位非人類敲鐘者。不過，由於其成本過高且商業化程度低，已於 2008 年停產。

Aldebaran Robotics 公司 2006 年推出的 NAO 則是一款智慧教學雙足人形機器人，可以透過現成的指令塊進行視覺化程式設計也能聽、說、看，和人進行互動。NAO 如今仍在售，售價 1 萬。

波士頓動力 2009 年推出的 PETMAN 是 Atlas 機器人的前身，能像真人一樣四處活動，能夠檢驗防護服和軍事設備的性能。

不過，儘管具有一定的智慧，但這一時期的人形機器人能力仍然有限，更多地是基於預先程式設計的演算法和規則。這與早期人形機器人相比有了顯著的進步，但仍然不足以完全模仿人類的複雜智慧和判斷能力。

1.4.4 自主決策：人形機器人的智慧時代

2016 年之後，大量的智慧化演算法出現，這些智慧化演算法一個很好的落地場景就是人形機器人。因為人形機器人在未來會非常普及，並且能夠適應非常多面的設備載體，所以大量的智慧化演算法都會跟人形機器人去做結合。

智慧演算法讓人形機器人變得更加智慧和靈活，使機器人可以透過感測器感知環境，利用智慧演算法分析感知資料，做出更加智慧化的決策和行動。智慧型機器人不僅可以執行預先程式設計的任務，還能夠從經驗中學習，不斷優化自己的表現。這種自主學習和適應能力使得機器人能夠在複雜、不確定的環境中更好地發揮作用。

在這一階段，波士頓動力的 Atlas、漢森機器人的 Sophia、優必選的 Walker、敏捷機器人的 Digit，Engineered Arts 的 Ameca，以及 2022 年發佈的小米 CyberOne 和特斯拉 Optimus 是最具代表性的幾個機器人。其中，2022 年 9 月特斯拉 AI Day 上 Optimus 原型機的推出更是對於人形機器人賽道意義重大 —— 人形機器人有望成為繼電動車之後的新增長極，也是讓大眾看到了人形機器人走入我們人類生活不再是科幻，而正在成為可能。

具體來看，波士頓動力 2013 年推出 Atlas 是現存最靈巧的人形機器人之一，可以完成跑酷、後空翻、側滾翻、前滾翻、180 度空中轉體、空中劈叉、360 度空中轉體等高難度動作。目前，Atlas 已經經過了三代的改造，第一代有四個液壓驅動的四肢，第二代身後有電池大背包，已經脫離了電纜的束縛，第三代 Atlas 機器人已經可以在室內和室外進行實際操作。其中，演算法和機器學習的進步是 Atlas 運動能力變強的主要推力之一。

漢森機器人的 Sophia 則被認為是目前為止在形態上模擬程度最高的人形機器人。Sophia 擁有極其逼真的人類表情和高度仿真的皮膚，搭配了人工智慧系統，可以處理自然語言會話，識別人臉和情緒，甚至產生自己的情緒。在最新的影片中，Sophia 甚至開出了「Nachocheese」（notyourcheeses）的諧音梗玩笑。2017 年，沙烏地阿拉伯正式賦予 Sophia 公民身份。它還是聯合國開發計畫署第一位機器人創新大使，在世界各地數百個會議上發表過演講。

優必選的 Walker 則主打環境適應和人機互動能力，被優必選定位為服務機器人，服務功能豐富。Walker 具備物體識別分揀與操作能力，可以自主操控冰箱等各類家電，還可以完成按摩、擰瓶蓋等家居任務，內建的原生 28+ 機器人情緒體系，可以進行主動式交互。

敏捷機器人的 Digit 是一款倉儲物流機器人，Digit 藉助自帶感測器可以進行半自動導航，搬動 18 公斤的物體，進行移動包裹、卸貨等工作，主要將被投入到物流、倉庫等使用場景。同時也會被出售給執法和軍事部門，但只提供非武器化功能。

Engineered Arts2021 年推出 Ameca 是一款面部表情豐富、仿真的人形機器人，Engineered Arts 利用 Mesmer 技術為 Ameca 提供大量的真人表情資料，從人體不同角度掃描，建構 3D 模型，在立體光刻 3D 印表機上製作的精確模具，使皮膚質感看起來和真人一樣。同時，Tritium 作業系統連接了軟體、硬體和雲端，可以驅動硬體的每一個組成部分，使其硬體部分能像人類骨骼一樣活動。

特別值得一提的還有特斯拉的 Optimus。2022 年 9 月，特斯拉 Optimus 機器人原型機首次亮相，引起廣泛關注。Optimus 具有顛覆性功能定位，可以在家庭、工業雙場景應用，完成危險、重複、枯燥的工作。在特斯拉 2023 年 5 月 17 日發佈的影片中，Optimus 又實現了更多進展，包括運動控制精度與感知能力提升，比如機械臂可以敲打雞蛋但不打碎雞蛋；Optimus 還可以對場地環境進行感知與記憶，形成電腦視覺模型；透過設定目標能夠完成對桌子上的物品分類擺放的任務。

可以看到，進入智慧時代後，人形機器人的「自主」功能已經被逐步開發，包括自主理解、自主推斷、自主決策和自主行動等。未來，隨著整個智慧演算法的發展，尤其像 2023 年各種大模型演算法的發展，人形機器人智慧大腦將先於人形機器人的物理軀體層面率先突破，這將會極大的加速推動智慧人形機器人的實現。

1.5 人形機器人迎來轉折之年

儘管人形機器人的發展歷史已久，但一直以來，受制於包括人工智慧技術在內的各項技術，人形機器人都沒有得到什麼真正的突破，不僅物理軀體不靈活，智慧大腦也並不智慧。而 2022 年，以 ChatGPT 為代表的 AI 大模型的爆發，卻給了人形機器人一個新的機會。

在新一輪人工智慧浪潮下，人形機器人有望深入各細分消費端，成為人工智慧下一個重要的落地應用場景。那麼，為什麼說以 ChatGPT 為代表的 AI 大模型的爆發，對於人形機器人來說是一次重大機遇？對於人形機器人來說，ChatGPT 又有什麼特殊意義？

1.5.1 大模型給人形機器人帶來了什麼？

事實上，雖然機器人從更早幾年就可以算是進入智慧時代了，比如最具有代表性的就是 2016 年，哈薩比斯聯合開發的 AI（人工智慧）程式 AlphaGo 問世，擊敗了頂尖的人類專業圍棋選手韓國棋手李世乭，凸顯了人工智慧快速擴張的潛力。但隨後幾年的發展大家也是知道的，簡單來說，就是不溫不火。在 ChatGPT 技術獲得突破之前，人工智慧除了在特定的解構蛋白方面有了明顯的突破之外，人工智慧在其他一些領域並沒有預期中的突破。

因為從根本上來說，智慧演算法在類人語言邏輯層面並沒有真正的突破，這就使得基於智慧演算法的人形機器人和智慧依舊沒有什麼關係，依然停留在大數據統計分析層面，超出標準化的問題，機器人就不再智慧，而變成了「智障」。

可以說，在以 GPT 為代表的 AI 大模型出現以前，市場上的機器人在很大程度上還只能做一些資料的統計與分析，包括一些具有規則性的讀聽寫工作，所擅長的工作就是將事物按不同的類別進行分類，與理解真實世界的能力之間，還不具備邏輯性、思考性。

因為人體的神經控制系統是一個非常奇妙系統，是人類幾萬年訓練下來所形成的，而此前的機器人不論是在單純的 AI 思考性方面，還是在與機器人硬體的協調控制方面，都還只是處於起步階段。也就是說，在 ChatGPT、GPT-4 這種生成式語言大模型出現之前，我們所有的人工智慧技術，從本質上來說還不是智慧，只是基於深度學習與視覺識別的一些大數據檢索而已。

但 GPT 技術卻為機器人應用和發展打開了新的想像空間。作為一種大型預訓練語言模型，ChatGPT 的出現標誌著自然語言處理技術邁上了新臺階，標誌著人工智慧的理解能力、語言組織能力、持續學習能力更強，也標誌著 AIGC 在語言領域取得了新進展，生成內容的範圍、有效性、準確度大幅提升。

ChatGPT 整合了人類回饋強化學習和人工監督微調，因此，具備了對上下文的理解和連貫性。在對話中，它可以主動記憶先前的對話內容，即上下文理解，從而更好地回應假設性的問題，實現連貫對話，提升我們和機器互動的體驗。簡單來說，就是 GPT 具備了類人語言邏輯的能力，這種特性讓 ChatGPT 能夠在各種場景中發揮作用。比如，給 ChatGPT 一個話題，它就可以寫小說框架。我們可以讓 ChatGPT 以「AI 改變世界」為主題寫一個小說框架時，ChatGPT 清晰地給出了故事背景、主人公、故事情節和結局。一次沒有寫完，經過提醒後，ChatGPT 還能在「調教」之下，繼續回答，補充完整。除此之外，

ChatGPT 還能有效地遮罩敏感資訊，並在無法回答某些內容時提供相關建議。

事實上，對於人形機器人來說，GPT 為人形機器人帶來最核心的進化就是對話理解能力，即具備與擁有了類人的語言邏輯能力。

那麼，為什麼說具備類人的語言邏輯能力，擁有對話理解能力是 GPT 為機器人帶來的最核心，也最重要的進化？因為語言理解不僅能讓機器人幫助我們安排日常的生活和工作，而且還能幫助人類去直面一下科學研究的挑戰，比如對大量的科學文獻進行提煉和總結。可以以人類的語言方式，憑藉其強大的資料庫與人類展開溝通交流。

在如今的大數據時代，在一個科技大爆炸時代，無論是誰，僅憑自己的力量，都不可能緊跟科學界的發展速度。比如，在醫學領域，每天都有數千篇論文發表。哪怕是在自己的專科領域內，目前也沒有哪位醫生或研究人員能將這些論文都讀一遍。但是如果不閱讀這些論文，不閱讀這些最新的研究成果，醫生就無法將最新理論應用於實踐，就會導致臨床所使用的治療方法陳舊。在臨床中，一些新的治療手段無法得到應用，正是因為醫生沒時間去閱讀相關內容，根本不知道有新手段的存在。如果有一個能對大量醫學文獻進行自動合成的機器人，就會掀起一場真正的革命。

可以說，GPT 之所以被認為具有顛覆性，其中最核心的原因就在於其具備了理解人類語言的能力，這在過去我們是無法想像的，我們幾乎想像不到有一天人工智慧能夠真正被訓練成功，不僅能夠理解我們人類的語言，還可以以我們人類的語言表達方式與人類展開交流。

1.5.2 向真正的智慧進發

當前，在今天，ChatGPT 還不具備，或者說本質上還未達到我們人類的這樣一種閱讀與文字理解能力，因為它的背後還是基於強大的演算法，還是基於電腦對於 0 和 1 的編碼為基礎的一種運算識別機制。但是這種機制已經具備了相當的理解準確性與邏輯性，這也正是大語言模型讓我們感到意外的地方，就是基於強大的運算能力，它已經具備了相當程度的理解能力和學習能力。

當我們給它提供一段文字，一篇文章的時候，它就能夠從中非常快速的總結與提煉出要點，並且這些學習與理解的能力與速度，遠超我們人類的能力。就像我們人類的思考和學習一樣，比如，我們能夠透過閱讀一本書來產生新穎的想法和見解，人類發展到今天，已經從世界上吸收了大量資料，這些資料以不可估量、無數的方式改變了我們大腦中的神經連接。

AI 大型語言模型也能夠做類似的事情，並有效地引導它們自己的智慧。可以預期，以 GPT 比人類更為強大的學習能力，再結合參數與模型的優化，GPT 將很快在一些專業領域成為專家級水準，它們的進化速度也會超越我們的想像。

而將這種能夠理解自然語言、具備自主進化能力的 AI 大模型接入機器人，就解決了人形機器人的一個非常核心的問題，那就是智慧大腦。2023 年 4 月，ChatGPT 的母公司 OpenAI 就領頭與挪威人形機器人公司 1X Technologies（以前稱為 Halodi Robotics）合作，這是 OpenAI 在 2023 年第一次領導機器人相關項目。1X 果然也不負 OpenAI 的期望，在一場人形機器人比賽中，由 1X 推出的 EVE 擊敗了特斯拉的 Optimus 機器人。值得一提的是，EVE 機器人的部分軟體功能由

ChatGPT 提供支援，也就是說 ChatGPT 已實際應用於現實場景，展現出相當強大的實力。這就意謂著，目前對實現類人的智慧人形機器人最大的制約，並不在於智慧大腦，而是在於物體軀體的靈活性方面。當這智慧大腦和物理軀體都獲得了突破，並實現商業應用時，正式標誌著真正的人機協同時代全面來臨。

以醫療領域為例，目前，醫療領域的人形機器人正在加速發展。Google 和亞馬遜都已經做出佈局，Google 聲稱自己發佈了首個全科醫療大模型 —— Med-PaLM M，不僅懂臨床語言、懂影像，還懂基因體學（Genomics）。而在 246 份真實胸部 X 光片中，臨床醫生表示，在高達 40.50% 的病例中，Med-PaLM M 生成的報告都要比專業放射科醫生的更受採納，Med-PaLM M 用於臨床可以說是指日可待。Google 自己也做出了評價，說這是通用醫學人工智慧史上的一個里程碑。亞馬遜則發佈了 AI 醫療應用 HealthScribe，HealthScribe 可以說明總結醫生就診的情況並創建臨床文檔，包括轉錄並分析醫患討論、添加人工智慧生成的見解等。

可以說，醫療機器人很快就會真正落地，從問診機器人到手術機器人，醫療行業將會經歷一場全面的 AI 化。這不僅將非常有效的解決當前醫生醫療水準之間的差異，還會最大程度的解決就醫難的問題。大部分的常規疾病的診斷都將可以由機器人醫生所取代。在這樣的基礎上，可以預期，未來必然會出現基於人形機器人技術所打造的一個擁有檢查、診斷、手術等功能的機器人，也就是內外科為一體的全能型機器人醫生。

在教育行業也是如此，哈佛大學 CS50（電腦科學入門）的主講教授 David Malan 就曾確認，他所教授的這門課從 2023 年秋季學期開始，AI 將和 50 位課程助理（Course Assistant）、教學助理（Teaching Fellow）一起，為學生服務（TF 是比 CA 更進階的助教）。這次使用的 AI 不是大家熟悉的 GPT-3.5 或者 GPT-4，而是哈佛自己在此基礎上研發的一個語言模型 CS50 Bot。它將負責回答一些課程的常見問題，給學生的作業提出修改意見，並在其他助教的工作時間之外，隨時回答不同時區的學生的各種疑問。

而當這些 AI 助教與人形機器人進行融合之後，並且以權威並具有親和力的教授形象出現的時候，它對教育行業所帶來的變革將超出我們的想像。我們可以預期的是，不久的將來，隨著人形機器人技術的成熟，我們人類社會一切知識性，或者說人類大數據庫裡所擁有的知識，這類知識的教學都將由機器人所取代。甚至到中小學，以及孩子的輔導的照護，只要我們基於孩子們心理可信賴的形象、語音、溝通方式來打造一個人形機器人，融合著超級 AI 大腦。未來的教育，我們人類將不再承擔知識類內容的教授，而更多的是專注於學生的情感培養，知識性教學都將由老師形象的人形機器人取代。

在金融領域也是如此，2023 年月份，美國理財規劃顧問認證協會（CFP Board）公佈的問卷調查結果顯示，31% 的受訪的美國投資人表示，願意聽從生成式 AI 提供的財務建議，即便沒有財務規劃師的審核。而這類建議一旦通過財務規劃師的審核，高達 52% 的受訪者願意依照建議採取行動。超過半數（52%）的受訪者相信，未來 3 ～ 5 年內、生成式 AI 工具和社交媒體將與理財顧問的財務規劃建議形成互補關係。這對於金融行業而言，就意謂著未來的投資理財顧問的職業將由機器人所取代，當一個具有金融權威專家形象，以及擁有超級大腦與即時獲取與分析金融大數據能力的人形機器人站在投資者面前的時候，當前人類社會基於人的投資理財顧問工作被取代，這是必然到來的趨勢。

而在服務業領域，基於人形的智慧型機器人將有望取代保姆、保安之類的職業。不僅可以當助手、管家、廚師，還可以為我們提供專業的護理服務。儘管目前的智慧大腦可以還不具備超級智慧的能力，還不具備自我意識的能力，但這絲毫不影響智慧型機器人以其強大、專業、友好的知識能力成為我們可信賴的朋友。

在 2023 年聯合國在日內瓦舉辦的「AI for Good」全球峰會上，九個人形機器人相繼亮相，並且跟人類進行了溝通與對話。機器人不僅展現出了自己的情緒，還能和人類記者談笑風生，似乎對於這種場合已經非常熟練。其中，一個穿著護士制服、留著可愛波波頭的醫療機器人還說：「我將與人類一起工作，提供幫助和支援，並且不會取代任何現有的工作」。

可以說，人形機器人將很快走入我們的生活，以後我們不再需要擔心養老、不用擔心保姆、不用擔心找不到女朋友或者男朋友，人形機器人統統可以幫助我們搞定；甚至不久後，交警、法官、治安巡邏、廚師之類工作，或許就不再需要人類，統統由人形機器人上崗取代。

Note

CHAPTER

2 人形機器人，服務於生活

2.1 醫療機器人，引發一場全面的 AI 變革

2.2 教育機器人，讓教育走向「個性化」

2.3 法律機器人，法律行業的全新時代

2.4 照護機器人，高齡化的「救生圈」

2.5 管家機器人，走進千家萬戶

2.6 性愛機器人，改變婚姻的未來

人形機器人超市每天都人來人往。

有時候來的是老人，他們渴望一個既能理解他們的需求，又能提供關懷的夥伴，所以在機器人超市的護理機器人陳列區，經常能看到老人們仔細比較每一款機器人的特色，為他們的生活找到最佳的助手。有時候來的是青年人，青年人們往往喜歡時尚類型的人形機器人，這些人形機器人往往作為青年人們的生活管家、工作助手等，它們的外形也相對時尚和有個性。

剛進門的是一位女性，左顧右盼，到相反方向的貨架去了。那邊是性愛機器人商品區，當然，性愛機器人不僅僅是為了滿足人們的生理需求，也是為了滿足人們的情感需求。其實，越來越多的人類也開始選擇性愛機器人作為自己的伴侶。因為這些人形機器人都可以根據顧客的特點需求進行定制，不論是身高、身材或是容貌，當然還包括皮膚與膚色，一切都將按照我們的審美與需求進行定制。

一切，都與從前大不相同 ......

2.1 醫療機器人，引發一場全面的 AI 變革

1985 年 5 月 11 日，一台被特殊改造後的工業用機器人，完成了一項前所未有的任務：在術前 CT 影像的引導下，精準地將一支穿刺針放置到患者的腦組織內，完成了一次腫瘤活體組織檢查。這是首台有記錄的在醫療機器人輔助下進行的手術。

自此，醫療機器人開始在醫療領域嶄露頭角，經過近 40 年的發展，醫療機器人不再僅僅局限於手術輔助領域，而是在康復、普外科、骨科、介入等專科中都取得了顯著的成就。

更重要的是，當前，隨著智慧大腦和人形機器人的突破，類人形態的醫療機器人還在加速進入醫療領域，引發醫療領域進行一場更為深刻的變革。

2.1.1　不同作用的醫療機器人

基於醫療領域的不同應用，醫療機器人可分為手術機器人、康復機器人、輔助機器人以及醫療服務機器人四大類。這是目前基於非人形機器人技術下所發展的分類與功能，但在進入人形機器人時代，當人形機器人醫生走入我們生活中的時候，這一切將會再次被改變。

2.1.1.1　手術機器人

手術機器人是醫療機器人技術最重要的應用領域之一，手術機器人通常由手術控制台、配備機械臂的手術車及視像系統組成，外科醫生坐在手術控制台，觀看由放置在患者體內腔鏡傳輸的手術區域三維影像，並操控機械臂的移動，以及該機械臂附帶的手術器械及腔鏡。

相較傳統手術，手術機器人優勢顯而易見 —— 手術機器人更加精準和精細，在手術和住院時間、減少失血量、併發症發生率、術後恢復等方面都具備一定的優勢，能明顯提高病人術後生活品質。

比如，在前列腺癌切除上，普通切除方法下，部分病人會喪失性功能，這是因為性神經極為纖細，藉助普通醫療器械無法觀察到，而手術機器人可以讓更高比例的患者保留「性」的權利。再比如，在腹腔鏡下，醫生只能看到黑白平面、放大兩倍的圖像，而手術機器人則能做到3D彩色、放大10～15倍；腹腔鏡手術是人手控制腔鏡，手的顫抖在終端會被放大，影響手術精確性；而手術機器人由醫生操作電腦控制，不存在抖動問題。

手術機器人的精準和精細，也讓機器人手術出血量大幅減少。以胃癌病人為例，傳統胃癌手術病人往往要開膛剖腹，手術時間至少3小時以上，手術一般需輸血400毫升左右，而機器人手術平均只要50-70分鐘，且由於手術更加精準、手術中幾乎不出血，所以一般不需要輸血或只輸50毫升，傷口癒合也更快。

更重要的是，手術機器人使傳統手術從一個定性的動作轉變為定量的標準化資料，為手術開啟數位化與智慧化時代帶來可能。一方面，手術機器人使得手術操作可以量化並轉換為資料；另一方面，透過資料的優化與分析，手術機器人又能進一步優化手術流程，實現手術數位化；最後透過人工智慧的反覆學習，達到智慧輔助甚至全智慧的目的。

可以說，手術機器人不僅僅是使手術更精準、更微創、更簡便，更是使傳統手術從一個定性的動作轉變為可以定量的標準化資料。

當前，手術機器人已經被應用於普通外科手術、心臟外科、神經外科等多個領域。其中，達文西是最具代表性的手術機器人。達文西手術機器人已經廣泛適用於普通外科、泌尿科、心血管外科、胸外科、婦科、小兒外科等，成為適用性最廣的醫療機器人。事實上，早在2015年，美國就有超過90%的前列腺切除手術由達文西手術機器人完成。

2.1.1.2 康復機器人

按照世界衛生組織的概念，醫學是由預防醫學、保健醫學、臨床醫學、康復醫學四位一體組成的一種維護健康的自然科學。在醫學分類中，臨床醫學與康復醫學前後呼應，在醫療實際應用領域相輔相成。

臨床醫療以疾病為主體，以治癒為目的，以人的生存為主，醫生主要搶救和治療疾病；康復醫學以病人為主體，以恢復功能為主，以人的生存品質為主，使有障礙存在的病人最大程度的得到恢復，康復機器人由此誕生。

作為康復醫學和機器人技術的完美結合，康復機器人彌補了傳統康復治療方法難以保證康復訓練的高強度、耐力的持久性以及訓練效果規範性的不足。具體來看，首先，康復機器人可以較長時間執行簡單重複的運動任務，保證康復訓練的強度、效果與精度，具有良好的運動一致性；其次，康復機器人還可以提供患者進行不同強度的個性化訓練，無論是術後早期還是接近康復的患者都可以使用康復機器人接受不同部位的定制化治療，適用場景相較於現有康復器械大幅拓寬。最後，集合多種感測器使得康復機器人具有強大的資訊處理能力，可以有效檢測和記錄複建資料，提供及時回饋。

而反觀當下現狀，一方面，我們面臨著康復人才與康復機構的巨大缺口，《柳葉刀》顯示，2021 年，中國有康復需求的患者主要包括老年人群、術後人群、慢病人群、殘疾人群，共計約 4.6 億人，其中肌肉骨骼疾病患者數量為 3.2 億人；同年，中國殘疾人數超過 8500 萬，得到基本康復服務仍占小部分。2019 年中國在職康復醫師 16000 名，治療師 14000 名，即每 10 萬人口匹配 1.2 位康復醫師，而在已開發國家每 10 萬人口可匹配 30-70 位康復醫師，滲透率有數十倍差距。

另一方面，傳統的康復器械需要依賴康復治療師的經驗才能得到較好的康復效果，而中國康復治療師水準參差不齊，難以藉助傳統康復器具保證康復效果。康復醫療資源不足的情況下，中國的中風致殘率達75%，而歐美只有30%。不僅如此，傳統康復器具缺乏量化評價指標，即便是康復師也只是憑藉人體感官接受力回饋，無法精確度量患者肌力與施力方向，導致康復治療流程無法標準化規範化。可以說，面對這樣的現狀，康復機器人是一個非常有效的解決方案。

當然，康復機器人是一個非常大的分類，根據不同作用，康復機器人又可以分為功能恢復型、功能代償型和功能輔助型康復機器人。

比如，上肢康復訓練機器人、下肢康復訓練機器人、外骨骼上肢神經康復機器人、外骨骼下肢神經康復機器人就是功能恢復型康復機器人；智慧輪椅、智慧假肢、智慧輔助機械臂就是功能代償型康復機器人；導盲機器人、個人衛生護理機器人則是功能輔助型康復機器人。

目前，全球範圍內也湧現出許多康復機器人產品，比如瑞士HOCOMA公司，作為全球第一的醫療康復機器人品牌，其醫療康復機器人在人體工程學、電子感測器、電腦軟硬體和人工智慧等眾多方面具備先進技術。HOCOMA的治療方案支持治療由中風、脊髓損傷、創傷性腦損傷、多發性硬化、腦性麻痺或其他神經疾病和損傷引起運動障礙的神經系統疾病患者以及腰痛患者。產品包括用於神經病學患者的機器人跑步機訓練的醫療設備和用於中風或創傷性腦損傷後上肢康復的外骨骼。

再比如，位於丹麥的Life Science Robotics，他們的核心產品ROBERT主要用於術後患者的早期運動康復訓練，可以為患者定制個性化康復訓練。

在中國，翔宇醫療、傅利葉和埃斯頓醫療也深耕於康復機器人行業，比如傅利葉的新產品 EMU 是一款基於末端控制的三維上肢康復機器人，適用於康復後期階段。埃斯頓醫療科技則是由中國上市企業埃斯頓自動化與美國巴萊特技術有限責任公司合資創建，目前已推出上肢康復機器人 Burt，適用於神經疾病、骨科疾病以及外科疾病患者康復。

2.1.1.3 輔助機器人

不同於臨床和康復領域的機器人，醫療輔助機器人主要是指能輔助醫療過程、提升醫護人員能力減少不必要的醫護資源投入以及提升醫護效率和品質的智慧化醫療機器人。醫療輔助機器人能為患者在診前、診中和診後提供一體化的綜合服務，滿足患者在醫療過程中的不同需求。

今天，隨著技術不斷地創新發展，醫療輔助機器人已經在醫療檢查、輔助診療、藥物管理等多個應用場景得到了較為廣泛的應用。

比如輔助醫療檢查的膠囊內鏡機器人，這是一種透過檢查者以吞咽的方式進入人體腸胃道進行醫療檢查的智慧化微型機器人。膠囊內窺鏡分兩種，一種是傳統膠囊內鏡，其依靠自身重力和胃腸道蠕動被動式行進，隨機拍攝消化道粘膜，主要應用於食道、小腸和大腸疾病的檢查。另一種是磁驅動式主動控制膠囊內鏡，主要應用於胃腔檢查。透過體外的精準控磁，膠囊胃鏡機器人能移動到胃腔的任何部位和小角度旋轉。膠囊內鏡機器人不僅使檢查更加快捷方便、無創傷，還可以全方位無死角的進行控制拍攝，克服了傳統插入式內鏡的耐受性差、不適用於年老體弱的患者等缺陷。

膠囊內窺鏡最早由以色列 Given lmaging 公司和 Sierra Scientific 公司合作研發，主要用於結腸疾病的檢查。2005 年，重慶金山科技公司研發的 OMOM 系列廣角膠囊式內鏡系統獲得 NMPA 批准，應用於小腸疾病的檢查。2013 年，安翰醫療技術公司研發的磁控膠囊胃鏡系統正式獲得 NMPA 批准並開啟商業化。

此外，抽血機器人和輸液配藥機器人也是典型的醫療輔助機器人代表。其中，抽血機器人往往利用紅外線和超聲波成像技術，自動化完成血液標本採集，替代醫護人員幫患者完成抽血工作，使抽血過程更加安全和高效。

基於此，抽血機器人不僅能應用在醫院，還能走進體檢機構、社區醫療服務站等醫療機構，有著巨大的發展潛力。2013 年，全球首台 Veebot 抽血機器人由美國初創公司 VascuLogic 研發而成，其抽血精準度達到 83%，基本與醫護人員操作抽血的精準度相同。2017 年，中國首台抽血機器人研發成功，抽血準確率達到 92%，已進入臨床階段。2018 年，哈工智慧型機器人股份有限公司正與美國機構共同合作研發抽血機器人，計畫完成臨床試驗和獲得 NMPA 認證後，正式推出市場。

輸液配藥機器人則是採用深度神經網路學習計算，藥瓶識別和運動控制演算法等技術，實現輸液藥物自動配置的機器人。在輸液配藥機器人沒有出現之前，患者所需要的靜脈輸液藥物都依靠醫護人員手工配置。但傳統配藥方式不僅容易出現人為誤差和污染，給患者的安全造成潛在威脅，而且一些特殊藥物還會對醫護人員的健康造成一定的影響，比如化療藥物，就是細胞毒性藥物。

即使在醫療水準發達的美國，每年仍有 130 萬人因人工配藥或投藥的失誤，導致患者受到傷害，而輸液配藥機器人就能最大程度地避免這種傷害。1969 年，世界第一所靜脈藥物配置中心（PIVAS）設立於美國俄亥俄州州立大學醫院現階段，中國已經有上千家醫療機構建立了靜脈藥物配置中心，其能彌補傳統分散配藥模式的不足和弊端，但 PIVAS 仍存在占地面積大、費用高、醫護人員職業暴露以及藥物配送不便等問題。隨著技術的進步，今天，可移動式智慧靜脈藥物調配機器人已經逐漸應用於藥房領域。2016 年，衛邦醫療科技公司研發的「PD-160」輸液配藥機器人正式在上海仁濟醫院投入臨床使用。2017 年，桑谷醫療機器人公司歷經 7 年研發的「海豚 6」輸液配藥機器人也順利通過國家檢測部認證。

在醫療輔助機器人領域，另一個重要的角色是診療機器人。診療機器人是一種基於醫療知識系統，透過人工智慧語音辨識和處理技術，將患者的病症描述與標準醫療指南作對比，具有輔助診斷、遠端會診、智慧問診、語音電子病歷等服務功能的醫療機器人。

對於患者而言，透過診療機器人，能夠更迅速地完成院前問診、疾病篩檢以及制定健康管理方案。對於醫生而言，診療機器人可提升醫療服務的能力和效率，透過對患者進行全方位資料畫像，挖掘資料背後的相互關聯，進行更精準的疾病診療和醫學研究。對於醫院而言，透過診療機器人，可以對患者院前問診進行分級診療，並協同社區衛生服務中心進行慢性疾病養老管理看護，進一步完善醫療服務模式並合理分配醫療資源。

診療機器人利用了人工智慧和遠端技術，具備打破時間和空間的局限性，提高醫療服務即時性和可及性的巨大應用潛力。現階段，中國已經有多家企業研發了具有不同功能模組的診療機器人系統。比如，2016 年萬物語聯技術公司推出了「語聯醫生智慧型機器人」。2017 年，經綸世紀醫療公司的「天使醫生機器人」也已經在安徽省啟動了試點專案。

2.1.1.4 服務機器人

醫療服務機器人，其實就是在醫療領域從事服務的機器人，這些機器人可以為醫院提供柔性化智慧配送服務、可量化可監測的自主消毒服務等。尤其是在一些傳染性較強的科室中，醫療服務機器人就展現出其重要作用。

其中，醫療配送機器人減少了醫護人員頻繁接觸患者和病毒的可能性，也在一定程度上減輕了醫護人員的勞動強度。從目前的技術來看，智慧科技的配送機器人都實現了較好的應用，可根據醫院需求執行遞送化驗單、藥物、食品等工作，節省了醫護人員的精力並降低了感染的風險，同時也減少了醫務人員來回傳遞與溝通的壓力，透過服務機器人就能實現藥物、處方等方面的銜接。

此外，醫療消毒機器人可以自主對環境進行消毒。例如，上海鈦米機器人公司的消毒機器人能夠針對環境物表和空氣進行自主移動式多點消毒，彌補傳統固定式空氣消毒機、紫外線燈管、及化學薰蒸法的不足，可以滿足更高水準的消毒要求。不僅如此，該機器人還配備消毒管理軟體，自動根據空間面積計算消毒時間，圍繞消毒目標進行 360°消毒。

除了這些主要功能，醫療服務機器人還在其他方面發揮著重要作用。例如，一些服務機器人可以用於患者陪護，透過語音互動、娛樂功能等提升患者的心理狀態。還有一些服務機器人用於醫院內的導航，來引導患者更好的就醫。

2.1.2 醫療機器人的「人形化」趨勢

今天，隨著以 ChatGPT 為代表的 AI 大模型的爆發，我們可以預見，不管是手術機器人、康復機器人、輔助機器人還是服務機器人，其實這些都還只是機器而不是「人」。而人形機器人的到來，將在現有的醫療機器人基礎上進一步實現突破，尤其是 ChatGPT 的成功，直接升級了醫療機器人的智慧大腦，這對於醫療行業來說，顯然是一件非常重要的事情。

目前，全球已經有多家研究所都公佈了自己的醫療大模型。

其中，Google 醫療大模型 —— Med-PaLM，也是全球首個全科醫療大模型。Med-PaLM 由 Google Research 和 DeepMind 共同打造，懂臨床語言、懂影像，也懂基因體學。而 Google 和 DeepMind 的科學研究人員在《自然》雜誌上發表了一項研究，根據其研究結果，一組臨床醫生對 Google 和 DeepMind 團隊的醫療大模型 Med-PaLM 回答的評分高達 92.6%，與現實中人類臨床醫生的水準（92.9%）相當。在 246 份真實胸部 X 光片中，臨床醫生表示，在高達 40.5% 的病例中，Med-PaLM 生成的報告都要比專業放射科醫生的更受採納。對此，Google 也自己給出了評價「這是通用醫學人工智慧史上的一個里程碑」。目前，Google 已經將 Med-PaLM 升級到了第二代 Med-PaLM 2。

斯坦福基礎模型研究中心（CRFM）和 MosaicML 也聯合開發了 BioMedLM（PubMedGPT）模型，一種經訓練可以解釋生物醫學語言的大型語言模型。斯坦福基礎模型研究中心使用 MosaicML 平台，根據 PubMed 的生物醫學資料訓練了 2.7B 參數 GPT，在美國醫療執照考試（USMLE）的醫療問答文本上取得了最先進的結果。

佛羅里達大學則開發了一款電子病歷（EHR）大數據模型，被稱為 GatorTron，GatorTron 也是一個沒有基於其他預訓練模型，從頭開發的醫療大模型，研究人員使用 89 億個參數和來自電子健康記錄的 >900 億字的文本來改進 5 個臨床自然語言處理任務，包括醫療問題回答和醫療關係提取。

在中國，2023 年 9 月 19 日，百度正式發佈中國首個「產業級」醫療大模型 —— 靈醫大模型。靈醫大模型聚焦智慧健康管家、智慧醫生助手、智慧企業服務三大方向，為患者、醫院、企業等提供 AI 原生應用。

靈醫大模型能夠結合自由文本秒級生成結構化病歷，根據醫患對話精準分析生成主訴、現病史等內容。此外，靈醫大模型也是業內唯一支援多篇中英文文獻同時解析的大模型，基於文獻解析內容實現智慧問答。在輔助診療方面，靈醫大模型可實現通過多輪對話瞭解病人病情，即時輔助醫生確診疾病，推薦治療方案，提升就診全流程的效率和體驗，並成為患者的 24 小時「健康管家」，提供智慧客服服務。此外，靈醫大模型還能為藥企提供多項賦能，包括專業培訓、醫藥資訊支援等等。

北京智譜華章科技有限公司和北京中醫藥大學東方醫院開發了基於「GLM-130B」的數位中醫大模型，目前，研究人員已初步研發了醫療垂直領域的問答功能，支持對醫療、健康問題進行智慧化知識問答；同時開發了根據症狀生成中醫處方，並提供處方主治症候醫學解釋等輔助診療功能。

全球範圍內的醫療大模型還有很多很多，隨著這些大模型落地應用，很快，醫療行業就會經歷一場全面的 AI 化。這不僅將非常有效的解決當前醫生醫療水準之間的差異，還會最大程度的解決就醫難的問題。大部分的常規疾病的診斷都將可以由機器人醫生所取代。

當然，給醫療機器人配上一個智慧大腦還只是一個開始，在這之後的下一步，就是擁有智慧大腦的醫療機器人，還必須擁有一個「類人化」「人形化」的軀體。為什麼說醫療機器人「必須」人形化？

我們可以想像一下，接下來，隨著醫療機器人大腦的突破，未來，不管是在預防醫學、保健醫學、臨床醫學還是康復醫學，一定會出現一個集合檢查、診斷、手術，也就是內外科為一體的綜合型機器人醫生。而在特定的一些外科手術領域，需要一些多機械手同時協同配合的特殊機器人，這類特定的機器人可能專精於特定手術的特定方向。當然，也可以整合到人形機器人醫生的身上，也就是說，在未來，人形機器人醫生在一般的診斷、治療情況下是我們人類的形象，但當它需要完成一些複雜的多人協同的高難度外科手術時，人形機器人醫生就可以打開預先設置的介面，然後安裝上需要的機械臂來實現複雜的外科手術任務。

事實上，今天，我們已經能夠在醫療領域看到這樣的趨勢了，儘管還沒有強大的人形機器人醫生，但越來越多的導診機器人已經在醫院中承擔了更多工作，一些機器人不僅能夠與患者交流，為患者提供初步的醫學評估和解釋，指導患者瞭解就醫流程，包括掛號、檢查、藥物使用等，甚至還能連通醫生，基於患者提供的症狀資訊，為醫生診療提供相關的資訊和建議。

當醫療機器人在往前發展，需要具備一種綜合的能力時，醫療機器人的「類人」形態就非常重要了。究其原因，醫療機器人的「類人化」意謂著它們將更好地模擬和理解人類醫生的工作方式和決策過程，尤其是在一些醫療操作中。

尤其是在手術中，類人化的設計意謂著醫療機器人的外形、手臂、手指等都被賦予與外科醫生相似的特徵，使其在外觀上更貼近人類醫生。於是，透過高度精準的運動控制系統，醫療機器人就能夠模擬人類醫生在手術中的精細操控和動作，執行更加複雜的微創手術，或是與人類醫生進行協同合作來完成複雜的操作。

人形化設計對醫療機器人的重要性不僅體現在模擬醫生的工作方式和決策過程上，更關鍵的是能夠促進醫療機器人與患者、醫護人員之間更加有效的交流和互動。站在我們人類的認知與情感接受度層面來看待，如果將機器人醫生設計成機器狗、機器狼或者其他非人類的樣子，儘管它們在醫療能力上與人形，或者其他物體形態的機器人之間並沒有什麼差別。但是我們人類的認知情感上總會難以建立情感信任與信賴。

事實就是，我們人類從情感上就更熟悉和信任與我們自身形態相似的實體，所以要將機器人設計成人形，不僅具有人形，而且還是一個具有權威專家形象要素的人形機器人。這樣一來，擁有人形外觀的機器人可能更容易贏得患者的信任，同時也更能夠模仿醫生的動作，實現更為精準的手術操作。這不僅提高了機器人在醫療場景中的可接受性，也使得它們更為適用於廣泛的醫療任務，包括但不限於檢查、手術和康復。

在未來，透過模擬人類醫生的思考方式和外形特徵，類人形態的醫療機器人將更好地適應醫療環境，為提供更智慧、全面的醫療服務，為解決就醫難、提高醫療水準帶來新的可能性。這一全面的 AI 化變革也將使得醫療機器人成為醫療行業中不可或缺的重要一環，當有一天，一個具有權威專家醫生形象的人形機器人站在我們面前，它的介紹上寫著，它是目前全世界最領先，掌握著最新最前沿醫學治療理論、技能與方法的機器人醫生，如果那一天真的到來，你會更願意選擇人類醫生，還是人形機器人醫生呢？

至少我會選擇人形機器人醫生。

2.1.3 人類醫生會消失嗎？

當醫療機器人實現人形化之後，並且在外貌特徵上按照更具有權威性的醫生形象來打造，再融合基於 ChatGPT 的超級大腦，就能將人形醫療機器人升級到具有超級診療能力的全科醫生。這也就意謂著基於人形機器人的醫生進入到我們的社會中之後，將會對我們當前的醫療模式以及醫院都會帶來根本性的改變。

我們不再需要劃分複雜的科室，也不需要根據醫療水準的高低來劃分不同的專家等級，醫院只需要按照接診能力來購置相應數量的人形機器人醫生，從診斷、治療到護理，人形機器人醫生將掌握所有的技能。而具有高度智慧和靈活性的類人形態的醫療機器人，也將在未來成為醫療行業的主力軍。

比如，在常規疾病的診治方向，醫療機器人將實現獨立問診。畢竟，傳統的醫生可能需要經過多年的學習和實踐才能對某些疾病進行準確的診斷和治療，而醫療機器人只需要透過對海量醫學資料的學習和分析，就可以快速準確地診斷出病情並提供相應的治療方案。當人類再為醫療機器人配上一個靈活的類人形態的軀體時，醫療機器人就可以取代人類而坐在辦公室問診。

不過，在那之前，醫療機器人還需要經過大量的訓練和測試，才能成為獨立的常規疾病醫療機器人。醫療機構需要向醫療機器人提供充足的資料和病例，讓醫療機器人透過大量的學習和訓練，掌握醫學知識和技能，並逐步成長為獨立的醫生。這個過程類似於人類醫生的培訓和實踐，需要大量的資料和演算法支援。醫療機器人需要從各個醫學領域汲取知識，學習各種病症的診斷和治療方案，以及醫學實踐中的各種技巧和經驗。

除了坐診問診外，醫療機器人還將奔波在醫院的各個地方，並參與到各種醫療工作中，成為病人的主要醫療服務提供者之一。比如，在醫療問診機器人結束問診後，會有專門的醫院陪護機器人帶領患者進行相應的檢查和實驗室檢測等，而相關的檢查也是由體檢科的醫療機器人來操作的。在這個過程中，醫院陪護機器人將會全程陪同患者，與患者進行病情或者其他溝通。

再比如，對於一些重症監護患者，負責監測的醫療機器人可以每日 24 小時不間斷地監測病人的生命體征，並即時報警，將資訊傳遞給中控系統。

這裡我們就需要思考一個問題，那就是當類人形態的醫療機器人成為醫療行業的主力軍時，我們還需要人類醫生嗎？當然，還是需要的，只不過，未來的人類醫生，並不等於今天的人類醫生，或者說不再做今天人類醫生做的事情，而是轉向前沿醫學的研究和醫療機器人的研發和維護。

從前沿醫學的研究來看，雖然醫療機器人雖然能夠執行許多工，但在處理複雜、多變的醫療情況時可能仍然受限。因為疾病在不斷的變化與發展，這就需要人類醫生保持持續學習和更新的能力，透過對於一些新型疾病，以及各種疑難雜症的治療研究，以不斷更新自己的醫學知識。人類醫生還需要藉助於對一些新型疾病，以及疑難疾病的診療研究，並透過臨床治療形成相應的醫療資料，並將這些前沿性的醫療資料投喂給醫療機器人。而醫療機器人則藉助於這些前沿性的資訊投喂與訓練，能夠不斷的優化自身的診療資訊庫。也就是說，未來，人類醫生需要不斷深入新型疾病的臨床，跟蹤最新的研究進展，並將這些進展應用到實踐中，以提高臨床治療效果。

此外，類人形態的醫療機器人雖然能夠執行診斷和治療任務，但在與患者建立深層次的情感聯繫方面還存在局限。與醫療機器人相比，人類醫生透過面對面的交流、關心和支持，能夠從情感的角度理解患者的恐懼、痛苦和期望，能夠在患者的治療過程提供更人性化的醫療幫助和支持，這種作用，是目前階段的醫療機器人無法代替的。

另外，還有一類人類醫生需要專精於研發醫療機器人，成為醫學技術的開發者和推動者。這類醫生其實就是從事人形機器人研究的專家，他們的主要任務是研究開發與訓練更加智慧化、精準化、高效化的醫療診斷和治療系統，提高醫療診斷和治療的準確性和效率，並將這一系統與人形機器人結合，讓更多的患者受益於人形機器人的使用。

這也讓我們看到，人形機器人進入醫療領域，不僅會帶來一場全面的變革，還會顛覆現有的醫療行業格局。而人形機器人和人類的合作，也將推動醫療走向一個更為普惠的時代。

2.2 教育機器人，讓教育走向「個性化」

科技正在改變教育。就像電腦技術深刻地改變著人類的生活方式一樣，工具的發明創新推動著人類的進步，教育方法的變革也推動著教育的進步與發展。

比如，通訊技術透過資訊互聯，破解了傳統教育的時空局限性，5G 技術的支援將使物理空間之間的直連成為可能。今天，在資訊技術賦能下，教與學不再受時間、空間和地點的限制，這也轉變了學生的學習模式，MOOC、混合學習、翻轉課堂、泛在學習、行動學習等線上教育模式成為教育界新的流行。

對於教育行業來說，除了通訊技術外，另一項改變教育的技術，就是人工智慧。特別是人工智慧技術和機器人技術的結合，更是成為了當前教育領域的一大熱點。而其中，類人形態的教育機器人則受到了更多關注。

2.2.1 教育機器人能做什麼？

教育機器人能做的事情實在是太多了。

首先，教育機器人可以應用於各個教育階段，包括學前、小學、國中、高中等。

在學前教育階段，教育機器人可以透過互動式的學習遊戲，與幼兒進行簡單的對話，引導他們學習基礎的語言、數位和邏輯概念。教育機器人的互動性和趣味性能夠激發幼兒的學習興趣，為他們打下學習基礎。

在小學階段，教育機器人可以成為學生學科學習的好幫手。透過人工智慧演算法，機器人能夠根據每個學生的學習能力和興趣特點，提供個性化的學科輔導。在數學、語文等學科中，機器人可以透過互動遊戲和實際操作，幫助學生理解抽象概念，培養他們的學科興趣和學習動力。

在國中和高中階段，教育機器人的應用將更加注重知識的深度和複雜性。比如，在文學和社會科學等人文領域，教育機器人可以透過模擬對話和角色扮演，激發學生對文學作品和歷史事件的深入思考。

除了在各個教育階段提供個性化的學科輔導，教育機器人還能在語言學習、程式設計教育、創造力培養等方面發揮積極作用。透過語音辨識和自然語言處理技術，機器人可以説明學生提高語言表達能力，培養多語言交流的能力。在程式設計教育方面，機器人可以透過視覺化程式設計介面，引導學生學習程式設計思維和演算法邏輯。同時，透過藝術創作和設計等活動，機器人也能激發學生的創造性思維，培養綜合素養。

對於父母來說，教育機器人顯然具有重要價值。因為在家庭中，父母無法時刻陪伴在孩子左右，此時教育機器人便可以透過聊天、講故事等方式陪伴孩子。教育機器人聊天並非機械性地回答問題，而是可以根據孩子的表情、時間、具體情境，主動發起互動式聊天。

教育機器人還是移動的百科全書，可以回答孩子的各種疑問，對孩子進行語言教學，同時透過互動教學，提供 STEAM 教育（STEAM 是 Science、Technology、Engineering、Art、Mathematics 的縮寫，STEAM 教育就是集科學、技術、工程、藝術、數學多學科融合的綜合教育）、程式設計學習，提升孩子的動手能力與學習興趣。此外，教育機器人還能夠透過拍照、錄製影片等功能，記錄孩子的興趣愛好、生活習慣、學習成長過程等，並協助家長遠端監控孩子的安全狀況。

對於教師來說，教育機器人則能夠將教師從煩瑣的教學任務中解放出來，取代教師的一部分工作，這樣一來，教師就可以更多地關注學生的情感發展以及品德的養成。另外，教育機器人還可以作為教師的助手輔助教師進行教學，比如提供教學內容、管理教學過程、進行課後輔導等。在科學研究方面，教育機器人也可以處理大量的資料，進行實驗模擬，加速科學研究過程。

2.2.2 個性化的教育成為可能

教育機器人為教育行業帶來的改變不僅僅只是解放了家長和老師，更是能為學生提供個性化的學習計畫，讓學生實現個性化的發展，這在人工智慧技術出現以前，幾乎是不可能實現的。

我們都知道，傳統的教育模式就是按照固定的課程表和教材來進行，但問題是，每個人都是獨一無二的個體，每個學生都具有差異性，而教育機器人就能充分考慮到每個學生的差異性，教育機器人可以透過先進的人工智慧演算法，分析學生的學習資料、興趣愛好和學科優勢，為每個學生制定個性化的學習計畫。有了教育機器人，學生就不再需要按照相同的進度學習，而是能夠根據自身的學習能力和興趣深度挖掘知識，實現更加全面和深入的發展。

不僅如此，每個學生的學習風格和習慣都是不同的，傳統教育模式往往難以滿足這些多樣性。教育機器人卻能透過語音辨識、自然語言處理等技術，與學生進行即時互動，理解他們的提問和困惑，及時調整教學策略。這樣的智慧互動性可以讓學生更加主動地參與學習，解決問題的過程也會成為一種積極的思維鍛煉，使學生更深刻地理解知識。

在實現個性化教學的同時，教育機器人自然也就提高了教學效率。畢竟，在過去，甚至是現在，大部分的學校和學生接受的都是一對多的教育，這就會導致一些學生因為學得太快而感到無聊，而一些學生則可能因為跟不上進度而失去了學習的興趣。但教育機器人卻能夠透過智慧演算法分析學生的學習資料和表現，量化學生的學習表現，包括掌握知識的深度、學習速度、弱點和優勢等方面，並為每個學生制定獨特的學習計畫，使教學更符合個體差異。

並且，教育機器人還能夠隨時隨地提供學科知識的講解和解答，不受時間和地點的限制。這為學生提供了更加便捷的學習途徑，使他們能夠根據個人的時間安排更靈活地學習。對於異地培訓和遠端教學而言，教育機器人更是有效地解決了地理位置限制問題，提高了教學的覆蓋面。這也整體性地實現了教育資源的共用和優化，從而降低教育成本。

2.2.3 教育機器人長什麼樣？

看起來，教育機器人是一個新物種，但其實，關於教育機器人的探索和研發，已經有了六七年的時間。

有程式設計機器人鼻祖之稱的樂高，上世紀 90 年代就已經開始探索教育機器人，2015 年時在中國市場的營收就達到了 92 億丹麥克朗。後來，優必選、小米等玩家進入後，市場擴張逐漸加速，並形成了 To C、To B 和 To G 三種路徑。

在 To C 管道，具有代表性的有 Jimu 機器人，Jimu 機器人是人形機器人公司優必選科技旗下一款 STEM 教育智慧程式設計機器人，可進行多重程式設計、自由拼裝，具有精度高、耐用性強等優點，它的智慧化感測器和良好的回應速度，能夠說明孩子們用更加科學的方式理解知識，拓展視野和思維。除了優必選 Jimu 機器人，在 To C 管道的教育機器人代表還有 RoboMaster S1 和小米米兔。

在 To B 管道，根據中國機器人教育聯盟的資料，2016 年時中國已經有 7600 家機器人教育機構，醞釀出了樂高教育、中鳴教育、貝爾科教、能力風暴等連鎖或加盟為驅動的知名品牌，主要業務是以機器人為教具提供程式設計課程。

需要指出的是，雖然教育機器人是毋庸置疑的朝陽行業，但現階段的教育機器人還只是一種透過組裝、搭建的機器人，技術上並不夠成熟，還有待發展。

一方面，目前的教育機器人智慧程度都比較低，功能上與手機、平板電腦等各類智慧電子設備相比沒有太突出特點，比如影片播放、拍照等，甚至在一些方面還顯得相對滯後；即便是一些打著教孩子學程式設計的教育機器人，它們的程式設計遊戲也還缺乏足夠的創意和挑戰性，難以激發孩子的學習興趣和思維能力。在語音互動方面，當前，不論是漢語還是英語，教育機器人的發音普遍過於機械，缺乏自然、流暢的語音表達，這可能會影響到兒童在語言學習過程中的體驗和效果。

另一方面，從外觀來看，今天的教育機器人還多半只是一個「機器」而非「人」。而機器人的外觀其實是會非常影響最後的教育成果的。特別是對於年幼的孩子來說，外觀往往會直接影響他們對教育機器人的好惡評判，一個令人愉悅、友好的外觀設計能夠促使兒童更積極地參與學習活動，而不良的外觀可能導致兒童產生抵觸情緒，進而影響他們對學習的積極性。因此，為教育機器人設計一個類人外形就顯得非常重要了。

無論是哪個階段的孩子，顯然都更願意與一個看起來「有生命」的機器人進行互動。究其原因，出於生物本能，人類天生就對具有面部表情、眼神交流等類人特徵的實體更容易產生情感連接。比如，面部表情的變化就能在人和人的交流中傳達出情感、意圖和態度。於是，透過模擬人類的面部表情，類人形態的教育機器人就能夠更好地實習教導的目的，與孩子們建立更深層次的情感聯繫。這種情感支援又可以進一步促使學生更加積極地投入到學習中。

此外，類人的外觀還能夠幫助教育機器人與孩子們更好地互動。因為類人形態的教育機器人可以透過模仿人類的肢體語言、動作等，展示出友好的姿態，或者是回應學生的提問，這將使學生感到親近和舒適。而這樣的互動有助於打破冷冰冰的機械形象，使教育機器人更像是一個有趣、友好的學習夥伴。

相反，一些抽象或機械化的外觀設計可能會導致孩子對機器人產生抵觸感，尤其是對於兒童而言。如果機器人的外觀過於冷漠或難以理解，孩子可能難以建立起與機器人的親近感，從而降低了機器人在教育過程中的有效性。

2.2.4 未來教育有什麼不同？

教育的發展離不開技術的推動。

在更早的時候，在造紙術出現之前，教育主要是通過教師的口頭傳授或是雕刻在石碑或其他載體上的內容來實現的。造紙術的出現使人們能夠更輕鬆地記錄和保存大量的資訊。這促進了知識的積累和傳承，同時也為個體學習提供了更多的資源。造紙術之後，印刷術的發明進一步推動了資訊的大規模傳播。印刷技術使得書籍的製作變得更加迅速、成本更低，從而大幅度降低了書籍的價格，使更多人能夠接觸到知識。這也為教育的普及提供了有力支持。學校和教育機構能夠更有效地傳播教材，學生能夠更容易地獲取到學習資源。

再近一點，進入 20 世紀，影像技術、資訊技術的應用進一步改變了教育的面貌。電影、電視等媒體工具的廣泛應用使得學生不僅僅能夠透過文字獲取資訊，還可以透過圖像和聲音更直觀地理解和體驗知識。這種多媒體形式的教學方式豐富了學習的形式，提高了學習的趣味性。

資訊技術的引入則為遠端教育、電子學習等教育創新提供了技術支持，打破了時空的限制，讓學生可以更加靈活地獲取教育資源。

那麼，展望未來，當類人形態的教育機器人越來越普及時，會如何影響教育行業？和今天相比，未來教育會有什麼不同？

其實，未來教育的變化，主要就是圍繞兩方面展開。一方面，人形教育機器人將改變傳統教學模式，代替我們今天老師的工作。今天的教育，主要還是依託人類老師，即便是我們遠端上課時，螢幕上看到的，也還是人類老師。但未來，隨著類人形態的教育機器人的引入，這些教育機器人將會在許多地方取代今天老師的位置，比如教育機器人會走進課堂給學生授課，在課堂上積極與學生互動，甚至能根據不同學生的特點，為不同學生打造個性化的學習方案。

教育機器人做的，一點也不會比今天的教師們差，甚至還會更好。畢竟，教育機器人藉助於大數據的知識庫擁有我們人類老師無法比擬的龐大知識量。並且還可以透過內建的智慧演算法和學習系統實現個性化學習支援，要知道，每個學生在學習上都是有著獨特的需求和學習風格，而人形教育機器人能做的，就是根據每位學生的個體差異提供定制化的教育體驗，但這恰恰是今天教育所欠缺的 —— 我們當前的教育模式，還是一種「老師統一教，學生統一學」的傳統方式。

此外，與人類老師相比，人形教育機器人還有一大優勢，就是不受時間和空間的限制，時間上來看，只要我們需要，教育機器人就可以 24 小時不間斷地教學和使用，從空間上來看，我們也可以在需要的地方配置相應數量的人形教育機器人，這將會在很大程度上解決教育資源不公的問題，這有助於縮小不同地區、不同社會背景學生之間的學習差距，提高教育的普及性。

未來教育另一方面的變化，就在於人類老師角色的改變。當人形的教育機器人取代了今天的人類老師時，一個隨之而來的問題就是，人類老師要做什麼？我們還需要人類老師嗎？答案是肯定的。事實上，人類老師在教育過程中扮演的不再是知識的傳遞者，而是人類社交情感的引導者、激發者、關懷者等多重角色。

那麼在未來，當人形教育機器人在諸如個性化學習、基礎知識傳遞等方面發揮更高效的作用時，人類老師就將轉向培養學生的創造力、批判性思維、人際關係和情感陪伴等方面，也就是說，人形教育機器人的引入可能會讓人類老師更專注於人類獨特靈性方面的探索，提供更深層次、更有創造性的教育。此外，與今天相比，未來老師的角色可能更側重於輔助和引導學生。人形教育機器人可以負責各種知識性的教授，而教師則可以更專注於引導學生運用知識進行實踐、培養解決問題的能力、以及促進學生在道德、批判、倫理等方面的全面發展。老師將更注重與學生的互動，關注學生的情感狀態，提供個性化的支援，幫助他們克服學習障礙。

未來的教育一定是豐富、靈活和精彩的，會給我們創造一個前所未有的教育模式，而人形教育機器人一定是其中關鍵的角色，而教育的未來究竟是何模樣，則由今天的我們來創造。

2.3 法律機器人，法律行業的全新時代

隨著人工智慧時代的到來和機器人技術的突破，一場在法律行業的變革正徐徐展開。尤其是進入 2023 年，ChatGPT 被應用於現實場景，對各行各業都產生巨大的影響。即便是法律這種人類社會的塔尖職業，也經歷了 ChatGPT 的衝擊。展望未來，人工智慧技術和法律機器人還將更深入地參與到法律行業中，並推動法律服務進入一個智慧化的新時代。

2.3.1 法律行業的時代挑戰

法律是一個非常古老的行業，可以說，在人類文明發展的起點，就有了法律法規，法律甚至先於國家的出現。而追根溯源，我們大家最為熟悉也最為久遠的一個簡單法則，可能就是演化博弈論中的著名策略 —— 以牙還牙。當然，歷經數千年，法律發展到今天，已經成為了一個非常龐大、複雜的行業。而在科學技術、社會環境瞬息變化的當前，法律也面臨著許多新的挑戰和問題。

首先，法律和法律服務（包括司法服務）供給不足。中國有 14 億人口，但截至 2022 年 6 月，全國執業律師只有 60.5 萬人，雖然司法部相關檔案顯示，律師人數將持續快速增長：2025 年，將達 75 萬；2030 年，大概率會超過 100 萬，但也遠遠不能滿足人民群眾的法律需求。根據最高人民法院發佈的資料，2021 年，全國各地法院共審理案件 3700 萬件；其中，有律師代理的只有 700 萬件，還有 3000 萬件沒有律師代理，原被告將近 6000 萬人沒有律師服務。

其次，人力為主，技術的參與和介入程度十分有限。一方面，很多法律機構如立法機構、法院、律師事務所等在電子辦公系統的使用上，依然相當初級。這在很大程度上是因為律師事務所等法律機構在技術創新方面的投入力度是很小的，投入在創新方面的資金，不足收入的1%，遠遠落後於電信、醫療、金融等其他行業。

另一方面，法律服務的很多環節和方面都依賴於律師自身的能力，需要親力親為。因為律師所參與的訴訟過程會直接影響法庭的判罰結果，這就導致律師在法律案件中的作用顯得尤為重要。但就是在這樣的專業和重要背後，律師卻面臨著繁雜的工作與沉重的壓力。正如網路流傳所言「律師這個職業，就是拿時間換錢」—— 996 的節奏，不光是程式設計師的常態，律師也同樣如此。

律師通常分訴訟律師和非訴律師。簡單來說，訴訟律師就是接受當事人的委託幫其打官司，而除了在法庭辯護外，訴訟律師的前期工作內容還包括閱讀卷宗、撰狀、搜集證據、研究法律資料等。一些大案件的卷宗可能就要達幾十上百個。非訴律師則基本不出庭，負責核查各種資料，進行各種文書修改，工作成果就是各種文案和法律意見書、協議書。可以說，不論是訴訟律師，還是非訴律師，其很大一部分時間都是伏案工作，與海量的檔案、資料、合約打交道。

要知道，今天，很多行業都已經被科技改變了百年來的面貌，電商系統和無人零售重塑了零售業，機器人診療和手術已經在深度介入醫療行業，股票市場 80% 的交易是由演算法控制的，生產製造過程由自動化、智慧化的系統控制，但在法律行業，律師和法官的工作方式好像始終如舊。

於是，供給不足的法律服務，再加上費時費力的人力損耗，不僅導致法律服務價格高昂，還使法律服務效率低下。許多律師是按小時收費的，很少有免費的法律諮詢和法律服務。昂貴的法律服務費讓很多人對律師和法律機構望而卻步，大幅阻礙了法律服務的可負擔性和可獲取性。又因為是人力為主，不像商品那樣可以批量地、流程化地、標準化地、自動化地生產，所以法律服務是又貴又慢。

與法律行業遲滯的發展形成鮮明的對比的是，今天，隨著各式各樣新興技術的發展，人們對於法律服務的需求還在激增。無論是在電商網站、社交網路、線上社群等網路空間上，還是在個人隱私、智慧財產權、網路安全、網路欺詐等方面，都誕生了許多新的需要法律服務的問題。

可以說，在這樣的挑戰之下，法律行業已經急需一場技術的變革來更新整個行業，改變行業捉襟見肘的現狀 —— 而人工智慧技術和人形機器人技術就是這個變革的好機會。

2.3.2 機器人進入法律行業

隨著以 GPT 為代表的人工智慧大模型的突破，未來二十年，人工智慧和機器人都將是法律行業的變革主線。尤其是在社會的法制化治理框架下，按照法律規則來作出規則下的公平公正裁決，這正是人工智慧，以及人工智慧技術下的法律機器人所擅長的。

2.3.2.1 律師們的機器人助理

人工智慧和法律行業的結合，最早可以追溯到 20 世紀 80 年代中期起步的專家系統。專家系統在法律中的第一次實際應用，是沃特曼和皮特森 1981 年開發的法律判決輔助系統（LDS）。當時，研究人員將其當作法律適用的實踐工具，對美國民法制度的某個方面進行檢測，運用嚴格責任、相對疏忽和損害賠償等模型，計算出責任案件的賠償價值，成功將人工智慧的發展帶入了法律的行業。

自此，法律專家系統在法規和判例的輔助檢索方面開始發揮重要作用，解放了律師一部分腦力勞動。今天，越來越多的內嵌了法律專家系統的機器人律師助理開始出現在法律行業，顯然，浩如煙海的案卷如果沒有電腦編纂、分類、查詢，將耗費律師們大量的精力和時間。

並且，由於人腦的認識和記憶能力有限，還存在著檢索不全面、記憶不準確的問題。機器人律師助理卻擁有強大的記憶和檢索功能，可以彌補人類智慧的某些局限性，幫助律師和法官從事相對簡單的法律檢索工作，從而極大地解放律師和法官的腦力勞動，使其能夠集中精力從事更加複雜的法律推理活動。

在法律諮詢方面，早在 2016 年，首個律師機器人 Ross 已經實現了對於客戶提出的法律問題立即給出相應的回答，為客戶提供個性化的服務。Ross 解決問題的思路和執業律師通常回答法律問題的思路相一致，即先對問題本身進行理解，拆解成法律問題；進行法律檢索，在法律條文和相關案例中找出與問題相關的材料；最後總結知識和經驗回答問題，提出解決方案。與人類律師相區別的是，人類律師往往需要花費大量的精力和時間尋找相應的條文和案例，而機器人律師只要在較短時間內就可以完成。

在合約起草和審核服務方面，機器人律師助理能夠透過對海量真實合約的學習而掌握了生成高度精細複雜並適合具體情境的合約的能力，其根據不同的情境將合約的條款進行組裝，可以為當事人提供基本合約和法律文書的起草服務。

以買賣合約為例，我們只要回答機器人助理的一系列問題，如標的物、價款、交付地點、方式以及風險轉移等，一份完整的買賣合約初稿就會被人工智慧「組裝」完成，它起草的合約甚至可能會更勝於許多有經驗的法律顧問的結果。

在當前的實際應用中，重慶的機器人「大牛」就是一個典範。「大牛」是中國首款具有「類腦」功能的法律機器人，具有自然語義、法律語義和深度自學習技術。大牛能模擬法官和律師的思維，透過多輪會話技術查明法律事實，並根據雲端海量法律資料結合運算模型進行推理決策，一鍵生成《諮詢意見書》《民事訴狀》《仲裁申請》《報案材料》等法律文書，使百姓享受專業、便捷、準確的法律服務。2018 年 10 月以來，大牛陸續在重慶渝北、巴南、璧山、江津、長壽等區縣以及貴州、四川等地投入使用。大牛 24 小時全時線上，面對面接受群眾的法律諮詢，圍繞婚姻家庭、勞動爭議、民間借貸、工傷賠償、智慧財產權侵權、房屋買賣、交通事故、物業管理、消費者權益保護、刑事犯罪等各類糾紛，不僅能進行快速的法律調查，還能做出專業的法律解答，一鍵生成法律意見書供群眾參考。

如果說機器人律師助理的出現，給法律行業帶來了新的活力。那麼，2022 年 ChatGPT 的出現，則讓人們再一次感慨於人工智慧技術的快速發展，ChatGPT 甚至已經通過了司法考試 —— 自機器人律師助理之後，現在，機器人律師，幾乎已經指日可待。

具體來看，美國大多數州統一的司法考試（UBE），有三個組成部分：選擇題（多州律師考試，MBE）、作文（MEE）、情景表現（MPT）。選擇題部分，由來自 8 個類別的 200 道題組成，通常占整個律師考試分數的 50%。基於此，研究人員對 Open 人工智慧的 text-davinci-003 模型（通常被稱為 GPT-3.5，ChatGPT 正是 GPT-3.5 面向公眾的聊天機器人版本）在 MBE 的表現進行評估。

為了測試實際效果，研究人員購買了官方組織提供的標準考試準備材料，包括練習題和模擬考試。每個問題的正文都是自動提取的，其中有四個多選選項，並與答案分開儲存，答案僅由每個問題的正確字母答案組成，也沒有對正確和錯誤的答案進行解釋。隨後，研究人員分別對 GPT-3.5 進行了提示工程、超參數優化以及微調的嘗試。結果發現，超參數優化和提示工程對 GPT-3.5 的成績表現有積極影響，而微調則沒有效果。

最終，在完整的 MBE 練習考試中達到了 50.3% 的平均正確率，大幅超過了 25% 的基線猜測率，並且在證據和侵權行為兩個類型都達到了平均通過率。尤其是證據類別，與人類水準持平，保持著 63% 的準確率。在所有類別中，GPT 平均落後於人類應試者約 17%。在證據、侵權行為和民事訴訟的情況下，這一差距可以忽略不計或只有個位數。但總的來說，這一結果都大幅超出了研究人員的預期。這也證實了 ChatGPT 對法律領域的一般理解，而非隨機猜測。

不僅如此，在佛羅里達農工大學法學院的入學考試中，ChatGPT 也取得了 149 分，排名在前 40%。其中閱讀理解類題目表現最好。

可以說，當前，ChatGPT 雖然並不能完全取代人類律師，但未來，隨著 ChatGPT 被持續性地餵養大量的法律行業的專業資料，針對簡要的法律服務工作，ChatGPT 將完全可以應對自如，而與 ChatGPT 結合的機器人也將真正走進法律行業。

不久後，法律行業或許會發生這樣的改變：如果律師需要檢索案例或法條，只需要將關鍵字告訴身邊的機器人律師助理，就可以即時的獲得想要的法條和案例；對於基礎合約的審查，可以讓機器人律師助理提出初步意見，然後律師再進一步細化和修改；如果需要進行案件中的金額計算，比如交通事故、人身損害的賠償，機器人律師助理也可以迅速的給出資料；此外，對於需要校對和翻譯文字、檔案分類、製作視覺化圖表、撰寫簡要的格式化文書，機器人律師助理也可以輕鬆勝任。

2.3.2.2 機器人法官要來了

在法律行業，除了律師們提供法律服務外，另一個重要的環節，就是司法環節。而對於司法審判環節來說，機器人法官最大的意義，就是為公平做了一份妥帖的技術保障。

基於對司法全流程的錄音、錄影，機器人法官將有效實現對司法權力的全程智慧監控，減少司法的任意性，減少司法腐敗、權力尋租的現象。甚至在執法過程，包括審訊、庭審環節，機器人法官可以全程介入對司法人員的審理過程起到合規的監督、提醒作用。

透過深度學習，機器人法官可以在非常短的時間內學習完成各種法律法規以及過往代表性的公平、公正的審判案例，並且按照法律規則與程式進行證據的甄別與篩選，然後按照設定的法律規則與證據規則進行審理、裁決。

具體來看，包括人工智慧在內的新資訊技術在重塑司法系統的方式上主要有三種表現。在最基本的層次上，技術可以對參與司法系統的人們提供資訊、支援和建議，即支援性技術。在第二層次上，技術可以取代原本由人類執行的職能和活動，即替代性技術。在第三層次上，技術可以改變司法人員的工作方式並提供截然不同的司法形式，也就是所謂的顛覆性技術，尤其體現在程式顯著變化和預測分析可以重塑裁判角色的地方。

其中，第一層次的支援性創新技術，使得人們能夠在網路上尋求司法服務，並透過網路的資訊系統獲取有關司法流程、選擇和替代方案（包括法律替代方案）的資訊，甚至包括案件的模擬推演與分析。事實上，人們的確越來越多地在網上尋找並獲得法律支援和服務，近年來，可提供「非捆綁式」法律服務的線上律師事務所的增長十分顯著。

第二層次的「替代性」技術，是指一些視訊會議、電話會議和電子郵件可以補充、支援和代替許多面對面的現場會議。在這個層面，技術能夠支持司法，甚至在一些情況下，可以改變法院舉辦聽證會的環境。比如，線上法院程式已經越來越多地被運用於特定類型的糾紛和與刑事司法有關的事項。而機器人法官甚至可以直接主持與完成相關的聽證會，或者是一般程式的線上審理。

而以機器人法官為代表的人工智慧與司法的結合則是打開了第三層次的改變和顛覆。在資料庫建立的背景下，機器人法官可以透過應用自然語言處理、知識圖譜等機器人法官技術，對案件的事實進行認定。然後透過神經網路提取案件的資訊，建構模型，運用搜尋功能，在大量的資料庫中，找到相類似的案件，進行自動的推送。

比如，北京的「睿法官」智慧研判系統，上海的「206」刑事案件智慧輔助辦案系統，阿里達摩院開發的達 AI 法官助理「小智」等等，為法官審理案件提供了支援，全面提高了司法效率。其中，上海法院的 206 系統，就能夠透過對犯罪主體、犯罪行為、犯罪人的主觀因素、案件事實、案件爭議焦點、證據等要素形成機器學習的樣本，為司法人員進行案例推送，進而為法官提供審判參考。該系統還可以把多個資料進行整合，從不同角度分析案件的事實，然後進行法律的選擇，從而實現從立案到庭審整個環節都有智慧型機器的輔助。另外，案件審判輔助系統還可透過學習大量案件，學會提取、校驗證據資訊並進行案件判決結果預測，為法官的判決提供參考。

在這樣的背景下，機器人法官可以多方面地為法官提供支援甚至有可能取代法官。在墨西哥，機器人法官已經能夠進行較簡單的行政決策。此前，墨西哥專家系統目前在「確定原告是否有資格領取養老金」時，就為法官提供了建議。

顯然，對於當前來說，更重要的問題已經從技術「是否」將重塑司法職能，變成技術會在何時、何種程度上重塑司法職能。時下，機器人法官技術正在重塑訴訟事務，法院的工作方式也會發生巨大變化。

在不久的未來，更多法院將會繼續建設和拓展線上平台和系統，以支援歸檔、轉送以及其他活動。包括基於數位虛擬人技術的數位虛擬法官的介入，這些變化則進一步為機器人法官司法的成長提供了框架。

試想，在任何一個追求法律正義的國家，讓擁有著人類外形的機器人法官走入我們的司法領域，而這種機器人法官的判決是完全基於法律規則。那麼當人類法官與機器人法官同時出現的時候，不論是原告或是被告，只要是為了追求法律正義的一方，會更願意將案件交給機器人法官，還是交給人類法官呢？

這或許是一個值得思考與探討的問題，或許人形機器人法官的出現將能在最大的程度上保障我們人類社會司法公正設想的實現。

2.3.3 法律服務市場之變

可以看見，人工智慧技術和機器人技術正在深刻影響著法律行業的未來走向。

從法律服務角度來看，未來，類人形態的機器人律師必然會進入法律服務行業。相較於人類律師，它們不僅具有高效的資訊處理能力，能在短時間內處理大量的法律文件、案例和法規，更快速地分析法律問題，提供迅速而準確的法律建議，更重要的是，它們只需要較低的成本就能獲得，並且還能沒有時間限制地為人類提供法律服務。相較之下，人類律師需要經歷長時間的法學培訓，且其服務往往伴隨著較高的專業費用。

而當普通法律服務能夠被機器人律師所替代時，這就意謂著，相應定位的律師就會慢慢地退出市場。因為機器人律師的介入，讓法律服務市場的供求資訊更加透明，線上法律服務產品的運作過程、收費標準等更加開放，換言之，機器人律師在提供法律服務時所具有的便捷性、透明性、可操控性等特徵，將會成為吸引客戶的優勢。在這樣的情況下，人類律師的業務拓展機會、個人成長速度、專業護城河的構建都會受到非常大的影響。

可以預期，未來，律師服務市場將會形成服務主體多元化的現象，人類律師的工作和功能將被重新定義和評價，法律服務市場的商業模式也會發生改變。

具體而言，一方面，隨著機器人律師在律師服務中逐漸主導一些簡單和標準案件的解決時，人類律師將更專注於處理更為複雜、涉及更多專業知識和社會關係的案件。人類律師將發揮自身在法律理論、倫理、情感等方面的優勢，提供更為專業的法律諮詢、戰略規劃和訴訟代理服務。

與此同時，人類律師需要更注重法律倫理和社會責任，以確保法律體系的健康、公正和可持續發展。要知道，法律服務不僅僅是一種商業行為，更是服務社會、維護公正的重要使命。而隨著科技的發展，相關案件只會越來越複雜，在這樣的情況下，人類律師需要深入思考並制定相應的倫理準則，以應對各種新興科技引發的案件。例如，在自動決策系統涉及生命權、自由權等重大領域時，律師需要確保系統的決策過程是透明、公正、符合法治原則，避免對個體權益的侵犯。

另一方面，法律服務市場的商業模式也將發生深刻的改變。隨著機器人律師在提供標準化服務方面的優勢，法律服務機構可能會轉向更靈活的收費模式。例如，律師事務所可能採用按照案件複雜度和人工介入程度不同的差異化收費，以更好地反映人類律師和機器人律師在案件處理中的實際成效。這有望推動法律服務市場向更透明、靈活的價值定價方向發展。另外，律師事務所可能更加注重技術的整合與創新。為了提高工作效率和客戶體驗，律師事務所可能會加大對人工智慧技術的投入，通過智慧合約、自動化檔案處理等工具提高內部流程效率。同時，為了適應多元化的市場需求，法律服務機構還可能推出更多基於技術創新的法律服務產品，提供更多元化的法律解決方案。

2.4 照護機器人，高齡化的「救生圈」

《機器人和法蘭克》是一部關於老人、孤獨和機器人照護的電影。

影片中的法蘭克，是一名離異多年的獨居老人。法蘭克育有一兒一女，但兒子工作十分繁忙，女兒常年在國外旅行，於是他只能孤獨地住在鄉間小屋。更糟糕的是，法蘭克還有阿茲海默症，經常記憶錯亂，把生活過得一團糟。電影的開頭，就是法蘭克一團糟的生活，雜亂的房間、過期的牛奶、變質的麥片，還有看到年輕男女們時的駐足，這就是法蘭克作為一個獨居老人的孤獨日常。

但是，機器人的到來，卻改變了法蘭克如此孤獨的生活 —— 為了能讓法蘭克更好地生活，兒子漢特為他送上了一份禮物：機器人小V。這是一個集結了最新科技成果的智慧型機器人，是一個全能的家庭管家。

一開始，法蘭克是拒絕的，因為機器人打破了他原本的生活節奏，催他早起，改變他的飲食習慣，要各種小花招說服他運動鍛煉。但漸漸的，在與機器人的相處裡，法蘭克卻慢慢接受了機器人小V。

因為法蘭克實在是太孤獨了，而小V不僅洗衣做飯樣樣皆通，還能陪著法蘭克散步聊天，陪伴法蘭克完成各種生活事務。寂靜冷清的家裡瞬間變得井井有條、生機盎然。當然，他們也鬧出了一些啼笑皆非的鬧劇，不過這都成為了法蘭克心中最美好的記憶。

可以說，《機器人與法蘭克》是一部溫情脈脈的電影，它聚焦著科技與養老這個獨特的視角，將一個發生在近未來的科幻故事講述得輕鬆詼諧又不失溫暖。正是有了這個機器人小V的出現，才使法蘭克的生活發生了翻天覆地的變化，科技對於人類生活的助益和改變由此可見一斑。

今天，隨著世界範圍內高齡化的加速，養老困境日益凸顯。在現實生活中，我們也正需要一款像小V一樣的全能照護機器人。

2.4.1 地球從未如此「老」過

今天，人口高齡化正在全世界範圍內蔓延。在人類歷史上，地球從未如此老過。

根據聯合國發佈的《2022 年世界人口展望》報告顯示，當前全球有近 8 億人口處於老年階段，未來 34 年老齡人口將會增長到 10 億。1960 年，世界上 15 歲以下兒童人數是 65 歲及以上人口數量的 7 倍多，現在，這一比例已經低於 3:1。

在中國，高齡化趨勢同樣明顯。1953 年，中國開始第一次人口普查。根據前六次普查的資料，上世紀五六十年代，人口加速膨脹，中國人口年齡結構處於年輕型。之後，計劃生育政策的推行拉低了出生率，青少年人口與青壯年人口大致相當，人口數量增速放緩，年齡結構轉為成年型。而二十一世紀的到來讓人口的金字塔正式邁入老年型，人口高齡化程度日益加重。

第七次人口普查的資料，印證了這一預測與事實的發生。第七次全國人口普查結果顯示，中國 60 歲及以上人口為 26402 萬人，占 18.70%。未來幾十年，高齡化程度還將持續加深，到 2035 年前後，中國高齡人口占總人口的比例將超過四分之一，2050 年前後將超過三分之一。目前，中國已成為全世界老年人口數量最多、高齡化速度最快的大國。其中，東北三省的高齡化現象尤為明顯。2020 年，東北三省總人口比十年前減少 1101 萬人，而高齡化程度加深，65 歲以及上人口比重為 16.39%，提高 7.26 個百分點，高於全國平均水準。遼寧省 65 歲及以上人口比重為 17.42%，為全國省市中最高。

這種變化背後涵蓋了多個方面的因素，其中，生育率的下降是一個顯著的影響因素。根據世界衛生組織的資料，自 1960 年以來，全球總生育率下降了 50%，從每個家庭平均 4.7 個孩子減少到如今的 2.3 個。其次，人類預期壽命的顯著延長也是高齡化現象的重要推動力量。自 1960 年以來，人類平均壽命延長了 20 多歲，這得益於醫療技術的飛速發展、疾病控制的改善以及人們對健康生活方式的重視。此外，大規模群體步入老年階段也是高齡化趨勢的重要因素。

生育率的下降，以及人類壽命的不斷延長，這是這個世紀全世界各個國家所面臨的共性問題。

2.4.2 「養老危機」正蔓延

高齡化趨勢對社會、經濟和政治層面都帶來了深遠的影響。在高齡化帶來的一系列問題中，其中一個，就是老年人的養老問題。

當然，養老問題是一個綜合的問題，事關社會保障體系。尤其是今天，隨著老年人口的不斷增加，養老金支出成為一個日益嚴峻的挑戰。許多國家的養老金體系在面臨著不斷增長的老年人口的同時，也面臨人口結構變化、勞動力市場的壓力等複雜因素，這給國家財政帶來很大壓力。醫療衛生系統也因為老年人口數量增多、壽命延長等因素，不得不增加更多醫療人員、設備以及延長護理時間。

與此同時，養老問題還關乎老年人的照護。隨著世界範圍內高齡化的加劇，老年人群對於醫療保健、康復護理等服務的需求也日益突出，但專業護理人才相對匱乏且流失率高是全世界養老產業的一大痛點。

以中國為例，國家衛生健康委老齡健康司資料顯示，2021 年中國約有 1.9 億老年人患有慢性病，其中失能失智人數約為 4500 萬，至少有一種慢性疾病的患者比例高達 75%，這類人群對於健康護理的需求不言而喻。

與此同時，近年來，空巢老人的比例不斷提升，目前中國有超過1億的空巢老人，這個比例還在不斷上升。尤其隨著越來越多的獨生子女一族和頂客一族的老去，空巢老人的增速也會達到一個前所未有的高度。而且隨著心梗，腦出血等猝死性疾病患病率的增加，這些無人陪伴的老人將會成為最大的受害者。更糟糕的是，這群人中的大部分人還處在人口密度大，醫療相對不發達的農村，這給疾病的救治和子女的照顧都帶來了巨大的困難。

而面對臥病在床的父母親人，是親自照顧還是雇傭保姆，一直都是一個兩難的問題。無論選擇哪種，都不會讓人滿意，因為只要父母生病，尤其是無法自理，有後遺症的病症，對於子女來說都要付出無限期的金錢和精力。

在這樣的情況下，當前，養老護理方面又面臨巨大的人才缺口。專業機構在護理失能老人的人員配置上，輕度失能老人的護理配置是4比1，即4個老人配置一個護理員；中度失能老人護理配置是3比1，重度失能老人的配置是2比1。如果按照3比1來推算，中國養老護理員的需求量將達到1500萬。

然而，根據民政部發佈的資料，2020年中國僅有50餘萬名養老護理員，遠不能滿足失能失智老人的照護需求，市場缺口超千萬。同時，由於行業勞動密集屬性和社會認同感缺失，現行養老護理隊伍的專業化和職業化程度較低，人才流失問題也相對嚴峻。

除了物質層面的需求，老年人的心理健康問題也需要引起足夠的關注。社會對於老年人的關愛和陪伴，對於他們在精神上的滿足感和幸福感至關重要。但問題是，我們連老年人身體上的照護問題都尚未解決，更無暇顧及老年人的心理健康問題。

可以說，今天，養老危機正在世界範圍內蔓延，而解決這一危機的突破口，或許還要用到科技手段。

2.4.3 照護機器人的興起

就像陪伴法蘭克的小 V 一樣，面對世界範圍內的養老危機，為了養老而生的護理機器人就顯得非常必要了。

作為養老服務機器人的一大分支，護理機器人的研究與應用早在 20 世紀 40 年代就已出現，但當時研究的機器人離提供護理服務功能還差得很遠。真正出現具有護理服務功能的機器人是在 20 世紀 80 年代。

1984 年，護理機器人的典型代表 —— 機器人 HelpMate 出世。這是一種全自主移動機器人系統，上面安裝了多種感測器，擁有避障功能和自主導航功能，可以透過人機介面操作指定目的地，完成運送藥品、食物、醫療記錄等任務。Helpmate 還會開門，可以乘坐電梯。1985 年，「護士助手」機器人開始研製，並在 1990 年投入生產銷售，在世界各國幾十家醫院中使用。它可以為病人創造便利：送病歷、送飯，也可以成為護士的小幫手：運送藥品、醫療設備等。

此後，由於社會養老護理的需求不斷激增，護理機器人的研究越發垂直細分。歷經多年發展，今天，護理機器人已逐漸從傳統的附加各項功能的護理床迭代為人形機器人，其功能也趨於多元化，涉及臨床護理、生活照料、排泄洗浴、安全監護、健康管理等領域。

比如，Moxi 是一款先進的臨床護理機器人，Moxi 配備了現代感測器、攝影機和人工智慧演算法，使其能夠在醫療機構自由行走，與人互動，並完成非面向患者的任務，例如提供實驗室標本和用品或收集髒床單。Moxi 還在走廊裡迎接病人，並擺姿勢自拍。機器人的社交智慧使其能夠學習和適應周圍環境。

機器人 Dinsow 也是家庭陪護式機器人的代表，這是一種在泰國廣泛使用的護理機器人。它由 Yujin Robot 於 2014 年推出，用於協助照顧老年人和殘疾人士。Robot Dinsow 配備有聲音識別、面部識別、自主導航等功能，可以執行某些任務，例如提醒服藥時間、幫助患者起床、轉移患者到輪椅上等。此外，它還能與家庭醫生或護理人員進行遠端通訊，並發送警報消息以請求緊急支援。

除了 Dinsow 外，以色列 Intuition robotics 公司開發的老年機器人伴侶「Elli.Q」，基於機器學習和電腦視覺技術，可語音為老人提供娛樂交流，並監測健康狀況和居住環境。

目前，這些護理機器人主要用於輔助失能、半失能、殘疾或無家屬照料的老年患者，以半自主工作或全自主工作的形式提供護理服務，提升老人的生活品質和自主能動性。

很顯然，當前的這些護理機器人只能被定義為機器，而非「人」，但是至少讓我們看到，我們人類社會一直在探索實現更為靈活的人形機器人來走入我們的生活，來幫助我們承擔護理與照護的工作。

2.4.4 走出「養老危機」

今天，雖然當前護理機器人已慢慢開始成長，但成長的速度還是較為緩慢，至少距離人形機器人的階段還有一段要走。究其原因，首先當然是技術的限制，以及人們出於安全性的顧慮，畢竟，一直以來，受制於智慧大腦和物理軀體，人形護理機器人都難以得到真正的突破，並且，護理機器人在護理老人方面還缺少人性化理念，可能無法真正滿足老年人的精神需求與生理需求。

其次，則是目前護理機器人的價格過高，使它難以走進普通的家庭，許多普通家庭難以承擔服務機器人高昂的價格。不僅如此，護理機器人的系統需要定期的檢查和長期的維護，這又是一筆養老支出。同時，老人的觀念意識相對落後，對新鮮事物的接受能力較差，對服務機器人不易接受，很可能產生排斥的態度。

但長遠來看，護理機器人一定是養老的未來，對於不可逆的高齡化趨勢，只有通過類人形態的護理機器人，才能有效解決老年人的護理需求，使我們能夠避免未來的「養老危機」。

展望未來，一方面，護理機器人還將朝著更全能、更綜合的方向發展。其實我們留意當前的護理機器人市場，就會發現今天的護理機器人其實功能是很單一和垂直的，比如大小便智慧護理機器人，可攜式洗浴機，餵飯機器人等。但未來的護理機器人，一定不是僅僅具有單一功能的機器人，而是具備了老年人護理所需要的各個方面的功能，是集醫療護理、生活照料、心理支援、社交陪伴等功能為一體的綜合的護理機器人。

在醫療護理方面，未來，護理機器人將不僅限於基本的生命體征監測和藥物提醒。它們可能具備更先進的醫療技術，能夠進行更為複雜的健康檢查。比如，當你感覺身體不適時，護理機器人會透過感測器即時檢測你的生理指標，如果發現異常，它們就會向醫療系統彙報。如果你腿腳不方便，護理機器人還可以協助你進行康復訓練，監測康復過程，提供專業的康復建議。

在心理支援方面，護理機器人可以透過情感識別技術感知你的情感狀態，提供即時的心理支援和安慰。當你感到孤獨或情緒低落時，護理機器人會主動和你聊天，分散你的注意力，它甚至可以陪你聽音樂。更重要的是，這種陪伴不僅僅是機械的回應，當護理機器人具備了相對專業的智慧時和類人的軀體時，它也會更深入地理解你的情感需求，成為你值得依賴的朋友。

在生活照料方面，護理機器人也將更加貼心。不管是購物、清理家居，還是烹飪餐點，它都可以勝任，還可以學習你的飲食偏好和習慣，制定個性化的營養飲食計畫，確保你獲得合理的營養和健康飲食。

另一方面，也是今天大多數護理機器人所忽略的一個特質，就是機器人的外觀。未來的護理機器人一定是類人形態的護理機器人——這並不是僅僅追求外觀上的逼真和美觀，而是出於對人性化關懷和使用者體驗的深刻認識。

對於老年人的精神關照，是養老中不可忽視的一環。在社會交往中，人們更願意與看起來友好、溫暖的物件互動，對於老年人來說更是如此。想像一下，當你需要一個幾乎 24 小時貼身照護你的機器人時，相較於其他四足或者六足形態的機器人，一個類人形態的護理機器人顯然更容易引起你的關注和信任。其人形化的外觀設計，例如仿真的面部表情、柔和的肢體動作，都可以更好地模擬人際交往，為你提供更加貼心、溫暖的陪伴體驗。今天，很多老年人之所以會如此抵觸護理機器人，其中一個重要的原因，正是非人形態的機器人難以獲得他們的信任，大多數老年人會對這樣冰冷的機械感到不舒適。

另外，類人形態的外觀可以幫助護理機器人更好地融入老年人的生活環境——比如，老年人的房間佈局、傢俱擺設等都是符合老年人長期的生活習慣的。一個類人形態的護理機器人在外觀上更接近人類，它的身形、步態等特質更容易適應老年人的生活環境，避免在狹小空間中造成不便或碰撞。

透過科技解放人力，是未來養老的必然趨勢，也只有透過科技解放人力，才能真正緩解沉重的護理負擔。

現在我們需要再來思考一個問題，那就是為什麼我們需要人形的護理機器人，而不是單純的功能性機器人呢？對於老年人，或者其他的一些患者而言，我們不僅僅是為了解決身體功能性的護理問題，我們還需要情感的陪護，需要情感的交流與溝通。而不論是頂客家庭，或是有著很多孩子的家庭，未來都很難實現讓孩子時刻陪護自己的設想。此時，一個擁有著人類專業護士外形，擁有人類情感，並且擁有人類語言邏輯溝通與交流能力的人形機器人出現在我們生活中的時候，至少我會選擇擁有這樣的一個人形機器人來陪護自己。

2.5 管家機器人，走進千家萬戶

隨著 GPT 顛覆性創新的快速推進，基於人工智慧技術的 GPT 為人形機器人帶來了前所未有的智慧突破，推動人形機器人行業迎來奇點時刻。在這個特殊的時刻，有一個人們期待已久的應用場景，那就是全能的管家機器人。

2.5.1 管家機器人登場

說起管家機器人，很多人可能都會覺得很熟悉，因為管家機器人已經在許多的科幻作品裡出現過了。比如 1999 年由 Robin Williams 主演的電影《機器管家》，電影中的機器人安德魯照顧著主人家生活方面的大小事，在主人家經歷了四代，不僅能夠幫助人類做家務，還可以理解人類的語言，識別人類的情緒。

事實上，就我們現在的生活來說，管家機器人其實也已經出現了，那就是我們手機裡的智慧助理。其實大家只要是使用手機，就或多或少地使用過智慧助理。

通常，智慧助理具備語音辨識、自然語言處理和機器學習等技術，使其能夠理解和解釋我們的指令、問題或請求，並幫助我們完成各種任務、提供資訊和服務。智慧助理可以運行在智慧手機、智慧音箱、智慧手錶等設備上，我們日常接觸的 Siri、Google 助理、小度、小布都是智慧助理。

智慧助理也可以作為一個嵌入式系統整合在汽車、家居等環境中。它們被設計成能夠與使用者進行對話互動，透過語音、文字或觸摸介面來接收指令和提供回饋。比如，在乘坐計程車時，司機會使用地圖軟體進行導航，而地圖軟體裡的智慧助理就是利用人工智慧技術提供即時路況資訊、導航路徑規劃、語音瀏覽等功能。除了基本的導航功能，地圖導航往往還提供即時路況監測、道路收費查詢、停車場資訊等功能，這些功能都依賴於智慧演算法和即時資料分析。

基於智慧助理的強大生命力與延展性，當前，智慧助理已經在多個領域中找到了廣泛的應用場景。

智慧助理可以提供日常生活服務，例如設置鬧鐘、提醒事項、查詢天氣、獲取新聞等，當人們騰不出手時，也可完成部分任務，節省精力和體力；可以搜尋和獲取資訊，例如透過網際網路搜尋答案、獲得即時資訊、解讀文字內容等，為使用者提供廣泛的知識和即時資訊，幫助用戶更加便捷地獲取所需的資訊；可以通過智慧助理控制智慧家居設備，例如透過語音控制燈光、溫度、安全系統等，以獲得更便捷和智慧化的居家體驗。我們還可以利用智慧助理執行任務和操作，例如發送短信、觀看電影、訂購商品、預訂餐廳等。

值得一提的是，隨著雖然在更早以前，智慧助理就已經進入我們的生活，但在 GPT 真正爆發以前，智慧助理都還不是真正的「智慧」。根本上來說，過去，智慧助理在類人語言邏輯層面並沒有真正的突破，這就使得基於人工智慧的智慧助理其實和智慧依舊沒有什麼關係，依然停留在大數據統計分析層面，超出標準化的問題，智慧助理就不再智慧，而變成了「智障」，就像 Siri 一樣。

可以說，在之前，我們所體驗到的智慧助理在很大程度上還只能做一些資料的統計與分析，所擅長的工作就是將事物按不同的類別進行分類，再給出回復，並不具備理解真實世界的能力，也不具備邏輯性、思考性。因為人體的神經控制系統是一個非常奇妙系統，是人類幾萬年訓練下來所形成的，也就是說，在 ChatGPT、GPT-4 這種生成式語言大模型出現之前，我們所有的人工智慧技術，從本質上來說還不是智慧，只是基於深度學習與視覺識別的一些大數據檢索而已。

但 GPT 技術卻為智慧助理應用和發展打開了新的想像空間。GPT 為智慧助理帶來最核心的進化就是對話理解能力，具備了與擁有了類人的語言邏輯能力，而這正是智慧助理或者說管家機器人最重要也最需要的能力。在未來，我們只需要把 GPT 嵌入具有物理軀體的人形機器人裡，就可以獲得像電影《機器管家》裡機器人安德魯那樣的管家機器人。

想像一下，二十年後，每個人都可以擁有一個獨屬於自己的管家機器人，在早晨，它會準時叫醒你，在你準備好起床之後，為你準備一杯熱咖啡或者熱牛奶，並根據你的口味調整濃淡和甜度。它還會為你準備營養豐富的早餐，並在早餐期間，為你提供新聞、天氣和排程的資訊。在你離開家庭去工作時，你的管家機器人會自動調整家居環境，確保所有電器都處於關閉狀態，安全鎖定門窗，並啟動智慧安全系統。這一期間，它還可以執行一些家務任務，比如清理、整理房間，保持家居整潔有序等等。

2.5.2 人人都可擁有的管家機器人

為了實現有類人形態的物理軀體和智慧大腦的管家機器人，已經有許多公司開始了行動。

例如，早在 2019 年，在美國拉斯維加斯舉行的國際消費類電子產品展覽會（簡稱 CES 2019）上，來自中國的人工智慧和服務機器人企業優必選，展示了一款能夠融入家庭生活中的機器人 —— 大型人形服務機器人 Walker 新一代。

Walker 可以在複雜地裡靈活的行走，上下坡、上下樓梯自然不在話下。且在不同的地板材料上行走不會出現「翻車」事故。除此之外，Walker 還擁有出色的自平衡能力，在它行走或者是站立的時候，受到外力衝擊，Walker 可以透過柔順控制調整自己本體的姿態，從而保持著自身平衡。在家中行走的時候，Walker 的 U-SLAM 視覺導航避障系統會根據預測障礙物運動軌跡，以及現有的地圖資訊，在時間和空間兩個維度上規劃出避障導航的最佳路徑，這樣就不會在家中橫衝直撞了。

從功能上來看，Walker 可以接管家裡的智慧家庭設備：比如開關燈、拉開或關上窗簾、播放音樂等等零碎小事，都可以交給「機器人管家」去做。Walker 還擁有一對七自由度的雙臂，採用了伺服舵機和結構設計，在拎東西時，單臂伸展可承受 1.5kg 的重物，雙臂伸展可承受 3kg 的重物，而雙臂合作下最大可以舉重 10kg。此外，平時 Walker 還能給回到家的你開個門，或者幫你拿零食。

除了 Walker 之外，CES 2021 展會上，三星也展示出了他們的管家機器人 Bot Handy、清潔機器人 JetBot 90 AI+ 和秘書助理級別機器人 Bot Care。

其中，Bot Handy 最大的特點是可以利用機械臂模擬人手的各種動作，完成如餐桌擺放、斟酒、侍餐等操作，在我們飯後它還能將碗筷放入洗碗機；同時其內部的 AI 控制系統可以根據尺寸、形狀和重量來識別物體，物體的材料也能被 Bot Handy 檢測到，從而讓 Bot Handy 懂得拿捏物品的抓取力度和移動速度，避免損壞；除此之外，Bot Handy 還能幫助你收納其他的物品、給你倒紅酒、插花、清理房間、擺放雜貨、倒酒倒茶等。

JetBot 90 AI+ 作為一款清潔機器人，可以利用雷達相機和 3D 感應器來建構家中的三維模型，讓清理過程更加快速明瞭，清掃完畢後還有自動傾倒垃圾的設計，比以往的掃地機器人更為省心；同時 JetBot 90 AI+ 還能承擔起照看寵物的責任，其搭載的「SmartThings Pet」功能可以遠端獲得寵物的活動情況，結合吠聲警報器在家「巡邏」，收拾寵物們貪玩闖的禍，例如調好溫度、放好糧食，並主動掃描環境，清理狗狗在玩耍時打翻的東西等。

秘書助理級別機器人 Bot Care 則是一個人工智慧助理，Bot Car 可以關心照顧用戶的每個細節，並可以識別、判斷用戶的行為並給出相應的提醒和建議；Bot Care 可以依據你的行為，並給出相應的提醒或建議，例如當你長時間在電腦前工作後，就會即時提醒你起身做一些伸展活動來放鬆放鬆；當你需要進行會議時，Bot Care 自帶的螢幕也可以用來視訊會議聊天。

當然，這些功能還只是管家機器人非常基礎的功能，未來的管家機器人，一定是具備多項能力的綜合的機器人，在未來，一個管家機器人，就可以控制智慧家居、清潔打掃和協助你處理生活瑣事，甚至是保護家庭安全等多項功能。而隨著類人形態的管家機器人的普及，傳統的家政行業和生活服務行業將被徹底顛覆，人們將不再需要傳統的家政服務，而是由機器人來接管並優化所有的生活服務。

事實上，管家機器人的出現取代傳統家政業務是必然的。相較於管家機器人，傳統的家政服務通常需要雇傭人力，成本較高，而且服務範圍受限。而擁有類人形態的管家機器人基於智慧技術，具備更高效、更全面的服務能力。機器人可以 24 小時全天候為家庭提供服務，不受時間和空間的限制，讓家庭成員隨時享受到個性化、貼心的生活服務。

另外，傳統的生活服務通常面臨資訊不對稱、服務品質不一、難以實現個性化需求等問題。而類人形態的管家機器人將透過對話理解和學習家庭成員的喜好、習慣，能夠提供高度個性化的服務。

當然，管家機器人對於家政行業和生活服務行業的衝擊也推動著行業的轉型，或許，未來的家政公司，所管理的家政人員就不再是人類，而是機器人。同時，傳統的家政服務業通常依賴於大量的低技能勞動力，而機器人的普及將減少對這部分勞動力的需求。這可能導致一部分傳統家政服務從業者需要轉行或接受更高層次的培訓。

但不論如何，管家機器人都在一步步向我們走來，就像比爾．蓋茲曾經說過的那樣：「機器人即將重複個人電腦崛起的道路，未來家家都有機器人。這場革命必將與個人電腦一樣，徹底改變這個時代的生活方式」。

我們可以預期的是，不久的將來，隨著人形機器人走入我們的生活，保姆這一職業將被取代，我們將不在為尋找可靠、專業的保姆而煩惱，人形機器人不僅能夠幫助我們完成所有的家務，還可以按照我們的要求來定制外形，並且還可以幫助我們輔導孩子的學習。

2.6 性愛機器人，改變婚姻的未來

在所有的人形機器人裡，有一類機器人，不僅受到許多關注，而且一直以來都頗具爭議，這類機器人，就是性愛機器人。不管我們現在對性愛機器人是抱著怎麼樣的態度，是支持還是反對，或者是中立，在人形機器人時代，性愛機器人都一定會走進我們的生活中。

2.6.1 性愛機器人是社會之需

在討論性愛機器人之前，我們需要先知道，性愛機器人是什麼？很多人都會對性愛機器人有一個誤區，以為性愛機器人就是服務於人類的性需求，這個答案並不完全正確。事實上，性愛機器人除了與人類進行親密互動，包括滿足人類的性需求外，另一項功能就是滿足人類的情感需求，或者提供陪伴。

從需求上來看，在中國，目前已經有 2.4 億的單身人士。即便在已婚一族之中，也有 2.9 億的性障礙者與 8000 萬的性亢奮者。因此，性需求是人們無法回避的存在。BI（Business Insider）的一個資料顯示，在過去三年的疫情中，全球首款 AI 性愛機器人 Harmony 銷量激增，即便其售價高昂。

作為首款 AI 性愛機器人，Harmony 在 2018 年正式發售，發售當年售價為 7775 英鎊，約合台幣 244000 元。Harmony 是性愛機器人極高水準的表現。單從外形上來說，就可以看出設計師的良苦用心。Harmony 擁有超過 30 款不同的面孔，從黑人到亞洲臉應有盡有。為了追求完美，設計師們會親手為這些面孔進行打磨，甚至於一個雀斑都要一點點親手噴上去。

除了高度模擬人體的柔軟度與外形，Harmony 還能夠透過 AI 進行學習，和人類產生情感，並且擁有 12 種不同的性格，比如善良、性感、天真等。任何一款 Harmony 都擁有屬於自己的專屬 APP，通過 APP，Harmony 可以連接到網際網路，並運用語料庫與人進行交流。

不過，由於當時人工智慧技術還不夠成熟，高額的售價也令消費者感到猶豫。但很快，隨著技術的進步，Harmony 2.0，第一代機器人的升級版就出世了。相比於第一代，Harmony 2.0 更像一個真實的伴侶。Harmony 2.0 的面部表情更加豐富多彩，肢體更加靈活，身體皮膚也更加逼真。由於擁有內部加熱器，Harmony 2.0 還能夠模擬真實的體溫。

此外，Harmony 2.0 融合了亞馬遜的 Alexa 語音系統，接收到聲音資訊後能夠即時分析，快速作出精準回饋，各種話題都可以做簡單回應。同時，Harmony 2.0 還配有智慧化軟體系統，可以對以往的聊天內容進行儲存、記憶，從而確定伴侶的習慣和喜好。也就是說，在長時間的陪伴積累後，Harmony 2.0 對伴侶的瞭解會越來越深。

Harmony 2.0 問世後，銷量一直平穩。但新冠疫情催生了人們對性愛機器人的需求。資料顯示，疫情大規模爆發期間，Harmony 的市場銷售額至少增加了 50%。而另一家公司 Silicone Lovers 也表明，自新冠疫情爆發後，性愛機器人的訂單一直在湧入。探究其原因，或許是因為疫情之下，人與人之間的接觸交流減少，陪伴的需求則會大幅增加。於是，部分之前對性愛機器人持觀望態度的人，終究會因為孤獨感的倍增，最終做出選擇。

這也讓我們看到一件事情，不管是出於情感需求，還是生理需求，社會對性愛機器人的需求都是客觀存在的。尤其是對於非自願獨身者，由於不同的非自願原因而無法找到伴侶的人，比如晚年喪偶的老人、殘障人士和性功能有缺陷的人。性愛機器人可以協助他們解決性問題，並給他們提供情感上的支援。

未來學家伊恩·皮爾森博士曾發表了一份關於未來性愛的預言報告。皮爾森博士認為：在 2050 年左右，人與機器人的性愛將變得非常流行，機器人甚至可能會取代人類性伴侶。皮爾森博士的預言似乎正在成為現實。可以預期，在 GPT 技術突破之下，未來，隨著性愛機器人成本不斷降低，功能不斷提升，性愛機器人也將越來越多的走進我們的生活，與人類為伴。

2.6.2 向傳統倫理發起衝擊

現代社會的人們正越來越孤獨，正是基於此，人類的情感需求才會形成一個龐大的市場。

微軟小冰框架下的「虛擬男友」僅公測上線 7 天，就招攬了 118 萬的人類女友。她們與其分享甜言蜜語、生活習慣，而它只需要識別關鍵字、機械地回答、表示關心體貼，就可以收穫人類的歡心。

手遊《戀與製作人》男主角之一李澤言更是在一個月就擁有了 700 萬的「老婆」，並收穫了她們 3 億的人民幣，而本質上作為人工智慧的李澤言只需要遵循腳本，像真人一樣或冷漠或體貼地配合演出就行。

從這個角度來看，性愛機器人確實能夠滿足我們的情感和生理需求，但不可忽視的是，作為類人形態的機器人，當性愛機器人技術已經成熟到可以代替我們的愛人和伴侶時，也會對我們傳統倫理造成極大的衝擊。

首先，就是顛覆傳統的婚姻觀念。婚姻不必然取消，卻必然成為一種多元化的存在。

事實上，現代人的婚姻觀念一直在隨著社會環境的變化而變化。美國社會學家 Andrew J. Cherlin 曾研究過美國的婚姻意義的變化，他認為婚姻意義已經歷了 3 個階段的流變：

第一個階段 Andrew J. Cherlin 稱之為「制度化婚姻」。這個時期，婚姻是社會分工的結果。女性需要男性來維持生計，男性需要女性來照看家務，婚姻的首要目的並不是個人需要和男女之欲。人們通過婚姻積累資源、鞏固財富、建立同盟，婚姻是更大的政治和經濟同盟系統中的一環。當然，這個時期的婚姻也更為保守 —— 人們只有在結了婚之後才可以發生性行為，才可以生孩子和養孩子。

從 19 世紀 50 年代開始，婚姻開始轉變成為一種陪伴式的婚姻關係，人們開始強調夫妻雙方不僅是彼此的愛人，更是彼此的朋友。造成轉變的原因，主要是家庭分工的改變，受到市場經濟的影響，越來越多的女性開始從家務中解脫出來走向社會，和男人一樣成為支撐家庭的人而非被供養的人，轉變自然而然發生。

而到了近幾十年，隨著女性的教育水準越來越高，婚姻的觀念又發生了進一步的變化 —— 個人式婚姻。於是，個人主義的興起，讓親密關係不再像父輩一樣與眾多因素相關，而變得只與個人有關。在這樣的婚姻中，人們強調的是個人的自我成長，不支持為了婚姻而犧牲自我。

雖然有例外情況，但絕大多數情況下，它已經是一種純粹的、個體與個體之間的關係。這種關聯反應在婚姻關係裡，就很自然地成為了既要戀愛的甜蜜，也不放棄個人的「獨立」和「開放」,「自我」並不為任何人臣服。即便是在婚姻中，人們也如同掃雷般地排除著可以預估的束縛和對個人利益產生的威脅。

在婚姻的意義轉變為「個人能否獲得快樂和成長時」，我們可以試想一下，這個時候，出現了既能給我們帶來快樂，又能陪伴我們成長的性愛機器人，並且性愛機器人的性能已經足夠代替伴侶時，我們會做出什麼選擇？就算有一部分人面對這樣的情況選擇了性愛機器人，都會對現代社會的婚姻關係造成衝擊，這意謂著，現代社會男性、女性一直穩固的「共生關係」將變成一種持平的「競爭關係」。或許再不復「家庭」的觀念，因為每一個由夫妻雙方組成的家庭，屆時都將變成社會上一個又一個獨立的「個體」。

當人們越來越依賴技術帶來的便利性時，便越來越能從親密關係的共同體中脫落出來，人和人之間也將變得越來越原子化，人作為社會關係總和的這一個概念也許將不復存在，因為那個時代背景下的「家庭」，是每一個具有相同社會競爭力的個體與其人造伴侶，頗有「小國而寡治」的感覺。

與此同時，人們對於性需求的渴望也會大幅降低。因為不管男性還是女性，其人造伴侶都能夠「絕對服從」，並且能夠被高度的「私人定制」，性愛機器人幾乎是完美的。但完美的，也是乏味的。而人類伴侶有時候的迷人，正在於個人具有獨一無二的性格和不完美之處。或許，對於性愛機器人來說，當人們得到了控制的快感時，可能也失去了失控的快感。人們得到了絕對的安全感，永遠不會被拋棄、被拒絕、被冷落，但同時我們也拒絕了那種獨屬情感的不安。

有需求的地方就會有市場，性愛機器人的到來毋庸置疑。性愛機器人將不可避免地成為未來性產業的一部分，科技的潛入也會給性行業帶來變革，並影響人類的倫理道德觀及性文化。儘管在情感之外，性愛機器人還將面對更多關乎社會倫理的拷問，包括法律對材質的安全性、資料的安全性的規定，甚至面對其對男 / 女性性物化、性暴力、道德風險以及心理上可能造成扭曲的質疑。

這是一個充滿挑戰的時代，科技的發展將不斷的重塑並挑戰我們人類在歷史中曾經所建立的道德倫理觀念。在科技的推動下，未來，我們必然將會以一種不同於當下倫理道德尺度來重新定義人類的倫理共識。

可以看到，人形機器人對於我們人類社會所帶來的挑戰的前所未有的。當我們展開探討了人形機器人所帶來的這一系列的影響之後，當然所帶來的影響遠不止這些領域，可以說是我們人類社會當前所從事的所有職業都將被人形機器人所取代，包括上天探索、入地挖礦、入海探索。

那麼我們似乎可以預期，當一個人形機器人綜合了所有的這些知識與技能之後，當一個超級人形機器人走入我們的生活之後，我們人類社會將會發現翻天覆地的變化。一個集醫生、老師、保姆、律師、秘書、護理、兩性關係等專業知識與技能於一身的人形機器人走入我們生活中的時候，這將是一個非常值得期待與科幻的時代。

很顯然，這樣的時代正在實現，正在到來的路上。

CHAPTER

3 人形機器人，助力於生產

夜裡，機器人超市打烊。燈光昏暗下來，一片安靜。

然而，不一會，工業區的機器人樣品紛紛跳下貨架，三三兩兩聚在一起，有的在活動，有的則是進行一些慣例檢查。

事實上，機器人也有自己的社會，並且每天都在悄然變化。其中，工業機器人不僅服務於人類，比如在無人工廠為人類製造各種所需要的物質，工業機器人還服務於機器人內部，為零部件有故障的各類機器人修理故障。工業機器人們喜歡在夜晚活動，這樣就不會與白天機器人超市的營業相撞。

這一切都是這麼自然地發生，一切都是這樣的井然有序。

3.1 工業機器人，突圍工業 5.0

自工業文明發展以來，工業就在一定意義上決定著人類的生存與發展。工業讓人類擁有更大的能力去改造自然並獲取資源，其生產的產品被直接或間接地為人們所消費，極大地提升了人們的生活水準。

在過去的 260 年間，人類社會已經經歷了三次翻天覆地的工業革命 —— 蒸汽機、電力和資訊技術，將全球 GDP 提升了近千倍。每一次工業革命都透過某一項先進生產力要素的突破，進而引起大多數行業的變革。

比如，在第一次工業革命中，蒸汽機的出現推動了汽車、火車、輪船、鐵路等行業的巨大發展，其中，鐵路行業發展、兼併所需的巨額金融資本，又驅動了華爾街的發展，逐漸成為全球的金融中心。

今天，隨著包括人工智慧技術在內的一系列尖端技術的突破，我們已經進入了第四次工業革命階段。在第四次工業革命中，工業機器人可以說是其中最重要、也最具有顛覆性的一股力量。更重要的是，當前，在以 GPT 為代表的 AI 大模型的突破下，工業機器人還在朝著「人形化」加速發展，而展望未來，類人形態的工業機器人，除了深化第四次工業革命，還將向工業 5.0 時代進一步突圍。

3.1.1 工業進入 5.0 時代

18 世紀中期後，英國爆發了第一場工業革命。

1733 年，機械師約翰．凱伊首先發明滑輪梭子（俗稱飛梭），將織布效率提高 1 倍。織布革新以後，造成了織與紡的矛盾，從而出現了長期的「紗荒」。

於是，1764 年，織工兼木工詹姆斯．哈格裡夫斯發明了手搖紡紗機，即珍妮紡紗機，將紡紗效率提升了 15 倍之多，初步解決了織與紡的矛盾。但珍妮機也有其缺點 —— 由於它是用人力轉動，紡的紗細、易斷而不結實。為了克服這個缺點，1769 年，理髮師兼鐘錶匠理查．阿克萊特製造了水力紡紗機，改變了人力轉動機器的情況。

由於水力紡紗機使用水力，必須靠河而新建廠房。1771 年，第一座棉紗廠的建立突破了原來的手工工廠，工業革命進入近代機器大工廠階段。

1791 年，英國建立了第一個織布廠。隨著棉紡織機器的發明、改進和使用，與此有關的工序也不斷革新和機械化。如淨棉機、梳棉機、漂白機、整染機等，都先後發明和廣泛使用。這樣，棉紡織工業整個系統都實現了機械化。

如果說第一次工業革命是透過水力和蒸汽動力的早期機械化取代了手工製造，在紡織業基本擺脫了傳統手工業的桎梏，實現機械化，以及在交通、冶金等諸多領域實現了機器對人的替代，那麼，始於 19 世紀 70 年代的第二次工業革命則以電力的發明和運用為標誌，並對人類社會的發展產生了劃時代的影響，引起了世界範圍內的產業革命。

1831 年，英國科學家法拉第發現電磁感應現象，成為電氣發明的理論基礎。1866 年德國人西門子製成發電機，1870 年比利時人格拉姆發明電動機，1876 年，德國發明家奧托製成了第一台四衝程內燃機，1879 年，美國人愛迪生點燃了第一盞真正具有廣泛實用價值的電燈。

其中，特別是內燃機的創制和使用，讓世界範圍內的交往更加便捷化。1885 年，德國人戴姆勒和本茨各自獨立製成了第一輛由內燃機驅動的汽車。內燃機車、遠洋輪船、飛機等也得到迅速發展。內燃機的發明不僅解決了交通工具的動力問題，而且推動了化工等產業的迅猛發展，解決了長期困擾動力不足的問題。

此外，繼有線電報出現之後，1876 年美國人貝爾發明了電話，1899 年義大利人馬可尼在英法之間發報成功。世界各地的經濟、政治和文化聯繫進一步加強。自此，通訊工具的迅猛發展，人與人之間的交流突破了傳統的面對面和書信交流方式的局限，為世界各地的資訊交流和傳遞提供了極大的方便。世界各地的經濟、政治和文化聯繫進一步加強。

第二次工業革命中，電氣發明及電力的大規模運用，直接促進了重工業的大踏步前進，使大型工廠能夠方便廉價地獲得持續有效的動力供應，進而使大規模的工業生產成為可能。這也推動經濟全球化進程加快，世界市場和世界經濟體系得以形成。

第三次工業革命則爆發於半個世紀前，是以資訊技術為核心的一次技術革命。二十世紀四五十年代以後，人類開始微電子、電腦、網際網路技術等領域取得重大突破，標誌著新的科學技術革命的到來。我們可以把第三次工業革命分為兩段，1950 年 -1990 年，是半導體產業迅猛發展的時代，推動了大型電腦向個人 PC 的小型化；1990 年至今是近 30 年的網際網路全球化時代，而網際網路全球化時代又細分為桌面網際網路和行動網際網路兩階段。

在第三次工業革命中，網際網路技術作為其中最先進的生產力要素，改變了全球的所有人、所有產業、社會經濟，甚至是政治、軍事、宗教。

就工業而言，網際網路技術催生了智慧製造和工業網際網路的概念，透過將感測器、設備和生產線連接到網際網路上，企業能夠實現即時資料監測和分析，從而提高生產效率、降低成本並改善產品品質。工業網際網路還促進了設備之間的智慧互動操作，提高了生產過程的整體協同性。網際網路技術改變了工業的運作方式，使其更加智慧、靈活和高效。企業可以通過採用這些技術，更好地適應市場變化，提高生產效率，提供更好的產品和服務。

今天，我們已經來到了第四次工業革命時代。第四次工業革命最大的特徵就是智慧化，最核心的技術則是人工智慧技術。

事實上，人工智慧技術早已滲透進我們生活的各個方面。就像直到 2010 年 iPhone 4 發佈，絕大多數人也並未意識到行動網際網路革命早已開始一樣，如今人工智慧其實也已廣泛應用，比如到處遍佈的攝影機和手機人臉識別，各種軟體裡的語音和文字轉換，動態美顏特效、推薦演算法，家庭掃地機器人和餐廳送餐機器人，背後都是人工智慧核心技術在過去十年不斷取得的巨大突破。

在工業領域，人工智慧也已經嵌入了生產製造的各個環節，並不斷用突破性創新進一步提升社會生產力，推動工業加速進入 4.0 時代。

但即將到來的第五次工業革命正在來臨，人類社會將很快進入工業 5.0 時代，這個時代的主要代表技術就是人性機器人。由人性機器人所驅動的第五次工業革命，不僅在生產要素方面全部取代人類，並且將大規模的取代前四次工業革命所形成的職業分工。

人類社會千百年來所形成的勞動生產力價值體系將面臨瓦解，我們人類社會一切依賴於勞動技能所創造的價值都將被人形機器人所取代，生活所需的物質與物資不再是一個國家競爭力的體現。

3.1.2 工業 5.0 需要工業機器人

英國經濟學家保羅．麥基裡（Paul Markillie）認為，第四次工業革命浪潮的主體就是工業機器人。

只要我們回顧近代工業製造的發展歷程，就足以理解機器對加工製造業的意義之重。1784 年，蒸汽機的誕生成為第一次工業革命的里程碑，蒸汽機被可靠地使用，產生了新一代的蒸汽動力引擎，帶動了第一次工業革命。因此，在今天，機器人作為人工智慧技術的硬體形態，對於以智慧化為特徵的第四次工業革命來說，工業機器人一定是其中最重要的應用。

人類對工業機器人的開發與研究由來已久。事實上，從古至今，人類就一直在研究減少工作量的方法，儘量使工作更加方便快捷又不失品質的高效完成。早在三千多年前的西周時代，中國就出現了能歌善舞的木偶，稱為「倡者」，這可能也是世界上最早的「機器人」。

近代以來，伴隨著第一次、第二次工業革命，各種機械裝置的發明與應用，工業機器人呼之欲出。上世紀 50、60 年代，隨著機構理論和伺服理論的發展，機器人終於進入了實用化階段。

1958 年，被譽為「工業機器人之父」的約瑟夫·英格·伯格（Joseph F · Engelberger）創建了世界上第一個機器人公司 Unimation，意思為「萬能自動」，並參與設計了第一台 Unimate 機器人 —— 這是一款用於壓鑄作業的五軸液壓驅動機器人，手臂的控制由一台電腦完成，能夠記憶完成 180 個工作步驟。

與此同時，美國機械與鑄造公司（AMF）公司也研製出了 Versatran 機器人，主要用於機器之間的物料運輸，它的手臂可以繞底座回轉，沿垂直方向升降，也可以沿半徑方向伸縮。

20 世紀 70 年代至 80 年代，工業機器人迎來了快速的技術發展和應用擴展。關鍵的技術突破包括電腦控制系統的引入，使機器人能夠執行更為複雜的任務和動作。而靈活性和程式設計能力的提升，則使得工業機器人可以應對不同的生產要求。

1973 年，世界上第一台機電驅動的 6 軸機器人面世，德國庫卡（KUKA）公司將其使用的 Unimate 機器人研發改造成其第一台產業機器人命名為 Famulus。

1974 年，瑞典通用電機公司開發出世界上第一台全電力驅動的工業機器人 IRB-6，採用仿人化設計，其手臂動作模仿人類的手臂。

1978 年，美國 Unimation 公司，推出通用工業機器人 PUMA。應用於通用汽車裝配線，這標誌著工業機器人技術已經完全成熟。PUMA 至今仍然工作在工廠第一線。不僅如此，有些大學還用 Puma 系列的工業機器人作為教具。

進入80年代，隨著傳感技術，包括視覺感測器、非視覺感測器（力覺、觸覺、接近覺等）、資訊處理技術、以及人工智慧技術的突破，工業機器人得以進一步發展。相比於上一個階段的工業機器人，第二代工業機器人已經能夠獲得作業環境和作業物件的部分有關資訊，進行一定的即時處理，引導工業機器人進行作業。自此，工業機器人進入普及時代，大量在汽車、電子等行業中使用，機器人產業水準和規模都得到迅速發展。

21世紀初期，隨著工業自動化的發展，工業機器人不斷拓展應用場景、發展核心技術，進入了產業升級階段。從應用場景來看，工業機器人能達到更快速度、更高精準度，以及更大範圍的大小型號和負載，實現在大型工件搬運生產、物流運輸、食品飲料、生物製藥、汽車製造等更加廣泛和智慧的場景應用。

同時，工業機器人核心技術得到快速發展。2002年美國波士頓公司和日本公司共同申請了第一台「機械狗」智慧軍用機器人專利；2004年安川和ABB均開發了可以同步控制多台機器人的控制器；2006年義大利柯馬公司推出了第一款無線示教器（示範教導器）；2015年ABB推出世界上第一台真正意義上的協作機器人YuMi。近年來，工業機器人的智慧化水準愈發提高，可以利用各種感測器、測量器獲取資訊並利用智慧技術進行識別、理解和回饋。

中國工業機器人的研究最早始於20世紀70年代。1979年瀋陽自動化研究所率先提出研製機器人的方案，並於1982年研製出中國第一台工業機器人，拉開了中國機器人產業化的序幕。1985年中國第一台水下機器人「海人一號」、第一台6自由度關節機器人「上海一號」、第一台弧焊機器人「華宇-I型」（HY-I型）分別完成研製，逐步解決了關鍵技術的突破、實現了「從無到有」的跨越。

作為智慧製造的關鍵組成部分，工業機器人在當今工業領域中的作用是毋庸置疑的。其價值遠不僅僅體現在工業機器人本身的商業化上，更體現在其對製造業生產力的全面改善以及對工業革命的推動。一直以來，機器對生產率的提高就是工業革命的核心，而今天，在第四次工業革命中，工業機器人更是以其智慧化、數位化的特性，為工業帶來了全新的變革。

一方面，工業機器人能解決各式各樣的工業製造和生產問題。通過智慧化的控制系統和底層處理，工業機器人能夠高效率地執行各類任務，協同利用感測器、視覺影像、邏輯控制和通訊技術，實現底層級的精簡有效的控制系統。這種「代理」方式的智慧處理使得工業機器人能夠適應不同的生產活動，從單品生產線到柔性生產線，靈活應對各類生產需求。並且，工業機器人之間通過溝通協作還能形成一個群體智慧，這種群體智慧不僅提高了整體生產效率，還為生產線的靈活性和適應性提供了有力支援。這對於不同單品生產線的協同工作，以及在不同規模的生產過程中的協同操作都具有重要價值。

另一方面，工業機器人的應用不僅僅局限於提高生產效率，還涉及到對工作環境的改善和對工人生命安全的保障。通過自動化和智慧化的生產方式，工業機器人能夠減輕工人的體力勞動，降低勞動強度，提高工作效率，同時最大程度地減少了人為操作中的錯誤和事故風險。這對於保障工人的生命安全，提高工作品質，都有著積極的社會意義。

自德國提出以智慧製造為核心的「工業 4.0」戰略以來，全球範圍內工業機器人的應用進入了蓬勃發展的新階段。可以說，工業機器人作為人工智慧技術最重要的硬體形態，為第四次工業革命注入了新的活力。如果說，過去二十年網際網路的發展聯通了我們每一個人，那麼未來，人形機器人不僅可以實現生產作業，並且還可以管理工廠，並且基於大數據作出最精準的管理。在工業 5.0 時代，工業網際網路的發展將會聯通每一台工業機器人，並且這些超級網路可以與人形機器人連接，也可以跟人類的腦機介面連接，從而帶來生產效率乃至生產方式的全面革新。

3.2 給工業機器人「類人形態」

在當前的工業中，工業機器人正以其卓越的技術和功能，成為生產線上的核心力量。這些機器人是機械臂和感測器的簡單組合，也是高度智慧化和精密化的產物。而展望未來，工業機器人還要一改今天的形態，而走向類人形態的工業機器人，並推動工業進入一個前所未有的人機協同新時代。

3.2.1 造型各異的工業機器人

從工業機器人的定義來看，工業機器人被認為一種專門設計用於自動化生產和製造過程的機器設備。它們被程式化地用來執行各種任務，從簡單的物料搬運到複雜的裝配和加工。通常由多個關節構成的機械臂是工業機器人的標誌，這些關節使其能夠在三維空間內移動，並執行精確和重複的動作。

就工業機器人本身而言，按照不同的分類方式，則可以分出許多造型各異的工業機器人。

其中，按機械結構分，我們可以把工業機器人分為串聯型機器人和並聯型機器人。

串聯機器人一個軸的運動會改變另一個軸的座標原點，例如六關節機器人。串聯機器人研究得較為成熟，具有結構簡單、成本低、控制簡單、運動空間大等優點，已成功應用於很多領域，如各種機床，裝配工廠等。

並聯機器人，可以定義為動平台和定平台通過至少兩個獨立的運動鏈相連接，機構具有兩個或兩個以上自由度，且以並聯方式驅動的一種閉環機構。一般以 3 軸最為常見。並聯機器人的特點為無累積誤差、精度較高，驅動裝置可置於定平台上或接近定平台的位置，這樣運動部分重量輕，速度高，動態回應好。並聯機器人在生產線上一般用於對輕小物件的分揀、搬運、裝箱、貼標、檢測等工作，廣泛應用於食品、製藥、電子、日用化工等行業。並聯機器人問世之初的應用對象主要是大型乳製品企業以及液體袋裝藥和藥片的生產藥企，大多負載都在 3kg 以下，後續的增長主要來源於乳製品行業之外的食品行業，如糖果、巧克力、月餅等生產企業，以及醫藥、3C 電子、印刷以及其他輕工行業。

按操作極座標形式分類，工業機器人可以分為圓柱座標型機器人、球座標型機器人、多關節型機器人、平面關節型機器人等。

關節機器人，也稱關節機械手臂，是當今工業領域中最常見的工業機器人的形態之一，適合用於諸多工業領域的機械自動化作業。根據軸數的不同也分為多種，目前應用較多的是四軸和六軸機器人。其中，六軸機器人擁有六個可以自由旋轉的關節，提供的自由度可以使其在三維空間中自由活動，可以模擬所有人手能實現的動作，通用性極高，應用也最為廣泛，但同時控制難度也最高，價格最為昂貴。搭配不同的末端執行器，多關節機器人可以實現不同的功能，較高的自由度使得多關節機器人可以靈活的繞開目標進行作業，適用於包括搬運、裝配、焊接、打磨拋光、噴塗、點膠等幾乎所有的製造工藝。

按照程式輸入方式分類，工業機器人又可以分為程式設計輸入型和示教輸入型機器人等。

程式設計輸入型是將電腦上已編好的作業程式檔，通過 RS232 序列埠或者乙太網等通訊方式傳送到機器人控制櫃。這種可隨其工作環境變化的需要而再程式設計的工業機器人，在小批量多品種具有均衡高效率的柔性製造過程中發揮著良好的功用，是柔性製造系統（FMS）中的一個重要組成部分。

示教（示範教導）輸入程式的工業機器人也稱為示教再現型工業機器人（Teaching-Playback Robot）。其示教方法則包括兩種：一種是由操作者用手動控制器（示教操縱盒），將指令訊號傳給驅動系統，使執行機構按要求的動作順序和運動軌跡操演一遍；另一種是由操作者直接領動執行機構，按要求的動作順序和運動軌跡操演一遍。在示教過程的同時，工作程式的資訊即自動存入程式記憶體中在機器人自動工作時，控制系統從程式記憶體中檢出相應資訊，將指令訊號傳給驅動機構，使執行機構再現示教的各種動作。

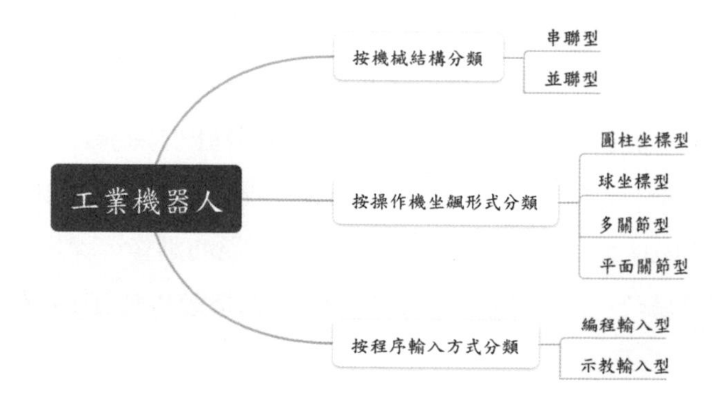

當然，只有機器人本體是不能完成任何工作的，需要通過系統整合之後才能為終端所用。在不同的系統整合之後，不同類型的機器人則被用於完成不同的工作，由此形成了焊接機器人、上下料機器人、噴塗機器人、裝配機器人等適用於不同應用領域的工業機器人。

焊接機器人是在工業機器人的末軸法蘭裝接焊鉗或焊（割）槍的，使之能進行焊接，切割或熱噴塗。具有諸多優點，包括穩定和提高焊接品質，能將焊接品質以數值的形式反映出來；改善工人勞動強度，可在有害環境下工作；降低了對工人操作技術的要求。上下料機器人能滿足快速 / 大批量加工節拍、節省人力成本、提高生產效率等要求，成為越來越多工廠的理想選擇。

上下料機器人系統具有高效率和高穩定性，結構簡單更易於維護，可以滿足不同種類產品的生產，對工業製造來說，可以很快進行產品結構的調整和擴大產能，並且大幅降低產業工人的勞動強度。

噴塗機器人又叫噴漆機器人，是可進行自動噴漆或噴塗其他塗料的工業機器人，一般採用液壓驅動，具有動作速度快、防爆性能好等特點，可透過手把手示教（示範教導）或點位示數（物理測量的座標數值）來實現示教。噴漆機器人廣泛用於汽車、儀錶、電器、搪瓷等工藝生產部門。

裝配機器人是柔性自動化裝配系統的核心設備，由機器人操作機、控制器、末端執行器和傳感系統組成。主要用於各種電器製造、小型電機、汽車及其部件、電腦、玩具、機電產品及其元件的裝配等方面。

當前，工業機器人已經廣泛應用於電子電氣、汽車、橡膠及塑膠工業、食品飲料、化工、鑄造、冶金等各行各業中。

比如，對於汽車行業，在汽車車身生產中，有大量壓鑄，焊接，檢測、衝壓、噴塗等應用，需要由工業機器人參與完成。特別是在汽車焊接過程中工，工業機器人的應用則更加普及，極大地提高了工廠的自動化水準。中國一汽引進的捷達車身焊裝工廠的 13 條生產線的自動化率已經達到 80% 以上，各條線都由電腦控制，自動完成工件的傳送和焊接。焊接由 61 台機器人進行，機器人驅動由微機控制，數位和文字顯示，磁帶記錄儀輸入和輸出程式。機器人的動作採用點到點的序步軌跡，具有很高的焊接自動化水準，既改善了工作條件，提高了產品品質和生產率，又降低材料消耗。

3.2.2 工業機器人向「類人」形態統一

毋庸置疑，工業機器人一定是未來工業中關鍵的一環。

正如過去的任何一次工業革命一樣，工業機器人最大的貢獻就是極大提高了工業生產力。相較於人力，工業機器人可以實現更高的精度和穩定性，同時可以在 24 小時不間斷工作。特別是對於一些重複性、繁重或危險的工作就更有替代的必要了。並且，工業機器人可以應用在各式各樣的生產活動中，可以是在不同的單品生產線中，也可以在不同的生產規模中，包括使用在一些柔性生產線上。

在最近幾年，高效率、精準度極高的工業機器人已經呈現出替代人力的趨勢。這些機器人擁有著強大的計算能力和快速反應能力，能夠在生產線上完成各種複雜任務，並且不會出現疲勞或者錯誤。

但我們如果留意到目前市場上的工業機器人，就會發現當前的工業機器人基本還是一個「機械」的形態，而不是機器「人」的樣子，這就讓工業機器人相較於人類缺乏一些靈活性和適應性。

究其原因，一方面，是技術上的限制。要知道，人體的運動和靈活性是極為複雜的，尤其是手部的精細動作和全身運動的協調性。目前的工業機器人技術在模仿這些複雜的運動和協調性方面仍存在困難。像機械結構的設計、傳感技術、運動控制系統等方面，都需要更先進的技術，才能實現更接近人體的機器人形態。特別是在模擬人手的設計中，要達到人類手部的靈活性和多樣性，需要更進階的工程學和生物學知識的結合。

另一方面，則是由於成本的限制。開發和製造人形化的工業機器人需要更複雜、更精密的技術和部件，這就讓類人形態的工業機器人成本相較於傳統的工業機器人更高。但在競爭激烈的市場環境中，企業往往更注重降低成本和提高生產效率，而人形化的工業機器人的高成本則制約了其廣泛應用。

但展望未來，隨著智慧大腦和物理軀體的突破，工業機器人向前發展，或者說工業機器人的終極形態，一定是「類人」形態的工業機器人。

原因也很簡單，因為只有類人形態的工業機器人，才能夠更好地適應複雜多變的生產環境。德國人工智慧研究中心（DFKI）首席執行官沃爾夫岡．瓦爾斯特爾（Wolfgang Wahlster）曾指出：「工業 4.0 能為我們帶來一種人與技術互動的嶄新變化，就是機器適應人的需求而不是相反的情況。」要知道，人類的身體結構和運動方式是長期進化的產物，具有卓越的靈活性和適應性。透過模仿人的外形，工業機器人能夠更自然地與各種生產設備和工作環境進行互動。這種相似性使得機器人能夠更容易穿越狹窄的空間，執行需要靈活性和敏捷性的任務，適應不同的工作場景，從而提高整體的生產靈活性。

比如，在工業 4.0 的框架下，就現在的機械臂來說，結構其實是很僵硬的，這就限制了它們在一些任務上的表現。那麼當我們進入工業 5.0 時代，如果我們能夠引入更為類似人體的結構，機器人就可以更準確地模仿人類的手部和身體動作，實現更高水準的操作精準度和複雜性。這對於在裝配、拆卸、精細加工等領域執行高要求任務的機器人尤為關鍵。

不僅如此，更重要的一點是，類人形態的工業機器人能夠更好地與人類進行合作。在今天的工業環境裡，人類常常需要和機器協同完成一系列的任務，包括機器人與人類工人在同一工作區域內執行各種操作。當工業機器人的形態和動作更接近人類時，機器人就可以更自然地理解和響應人類的動作，降低在協同操作中的學習成本。這種無縫的協同工作能夠顯著提高任務執行的效率，使得生產線更為流暢和高效。

此外，親和的外形還會使機器人更容易融入工作團隊，減少與人類之間的溝通和協調成本。在我們現在的工業環境中，機器人通常被安置在固定位置，由專門的操作員負責控制。而類人形態的機器人顯然更具有機動性，可以更靈活地在工作區域內移動，更容易與人類進行互動。這不僅減輕了人類感染們的負擔，同時也降低了操作難度，促進了更緊密、更高效的協同工作。

當然，親和的外形也有助於提高機器人在工作團隊中的接受度，顯然，我們人們更容易與看起來更類似自己的機器人合作，感受到更加自然和友好的工作環境。這對於縮小人機溝通的隔閡，提高團隊合作的默契度具有積極的影響。

基於此，未來，當類人形態的工業機器人進入工廠的時候，意謂著我們將真正進入一個無人工廠的時代。因為機器人不僅能夠按照要求完成各種標準化工序的作業，而且基於超級大腦的機器人，還可以完成智慧工廠的管理，這將推動工業生產方式的根本性變革。當然，更重要的是工業機器人管理智慧工廠的能力遠在我們人類的能力之上。

因為工業機器人在接入智慧工廠的資料之後，只要運算能力能夠支援的情況下，不僅能夠執行具體的生產任務，還可以透過超級大腦進行即時資料分析與決策。

基於這些資料，工業機器人能夠快速識別潛在問題、調整生產參數，甚至預測未來可能發生的情況。這種即時的資料處理和分析能力使得工業機器人能夠更加智慧地協調、優化生產流程，做出迅速而準確的決策。與此相比，人類在處理大規模資料時的限制顯而易見，工業機器人在這方面的優勢將為工廠提供了更全面、更即時的生產管理，從而進一步提高生產效益。

類人形態的工業機器人是大勢所趨，在以 GPT 為代表的 AI 大模型的突破下，或許很快，我們很快就會在工業領域看見新的變化。

3.3 無人工廠正在到來

類人形態的工業機器人正在成為推動無人工廠加速到來的關鍵力量。未來，整個工廠將不再依賴人類手工操作，而是由高度智慧化的工業機器人完成生產任務。機器人與機器人之間將實現協同良好的配合，而人類的角色將更多地轉變為對機器人的管理和維護。

3.3.1 無人工廠的重要價值

其實，無人工廠的概念很早就已經有了。從字面來理解，無人工廠就是沒有人參與的工廠。

專業解釋中，無人工廠又叫自動化工廠、全自動化工廠，是指全部生產活動由電子電腦進行控制，生產第一線配有機器人而無需配備工人的工廠。

從這個定義來看，無人工廠就是將人的工作交給機器來做。比如，無人工廠整個生產過程的調配都由電腦完成。而電腦要取代人對整個生產的調控，則需要它有非常強大的指揮系統。可以說，表面看來無人工廠是在生產過程中去掉人的參與，本質上則是無數高端智慧與技術的交互。

無人工廠對於工業的意義顯而易見，其中最直接的優勢，就是節省人力。雖然人類在生產中具有很高的能動性和創造性，但與之相對，人類也有很高的不穩定性和局限性。在製造業，特別是流水線生產上，對人的能動性和創造性的需求大幅降低，人力具有不穩定性，比如如容易出錯，此外，人力具有局限性，比如勞動效率問題反而更加突出，這種時候用機器人代替人無疑更具優勢。

並且，隨著社會的發展，勞動者對單調、勞動強度大的工作日益反感，再加上全球高齡化趨勢加劇，相關從業者數量難以保障。而無人工廠的出現則降低了生產對人力的依賴，企業可以解決勞力問題，部分勞動者也能從比較危險、繁重的工作中解脫出來。

另外，無人工廠相較於傳統工廠而言，提質增效、降低成本的效果也是顯著的。現在不少嘗試無人工廠的企業已經嘗到了這方面的甜頭。

比如豐田汽車，在過去，豐田汽車的生產線上，需要大量的員工進行汽車零部件的裝配和檢查。這種生產方式不僅人力成本高，效率也相對較低，而且還存在著一定的錯誤率。豐田汽車為了解決這個問題，開始研發和應用機器人技術，在日本九州的一家工廠實現了無人化生產的突破。豐田汽車的無人工廠採用了機器人自動化裝配線，透過電腦程式控制，實現了零部件的自動化生產和檢測。在這個生產線上，機器人可以自主地完成汽車零部件的組裝、檢測、品質控制等工作，從而減少了人工干預的環節，提高了生產效率和產品品質。

無人化生產線的實現，使得工廠的運行效率提高了 25%，同時也降低了人力成本。由於機器人的操作穩定、精準，所以產品的錯誤率也大幅降低，這對於豐田汽車來說是一個非常重要的改進。此外，機器人的使用還可以實現 24 小時連續生產，大幅提高了生產效率。

再比如，深圳市的長盈精密也是一家較早嘗試建設無人工廠的企業，考慮到成本與風險問題，長盈精密先試了「機器人換人」，嘗試用拋光機器人取代在金屬精密元件生產中從事拋光作業的工人。在沒有採用機器人生產之前，長盈精密需每月花在一名有經驗的拋光師傅上的各類支出需一萬元。有機器人參與後，效率達到原先的 2.5 倍，產品合格率也更高。按照公司產值計算，回本僅需一年。也就是說一年後的生產中，原本的人力成本都將轉化為企業利潤，這無疑會讓企業在同類產品中擁有更多的競爭力。

3.3.2 工業機器人助力實現無人工廠

儘管工業領域提出無人工廠已經有了些年，但其實，當前的無人工廠，在生產過程中，還需要大量硬體工程師的協助，需要工人 24 小時輪班盯生產線，是否會出現機器故障。

首先，工業機器人和自動化系統依然存在技術上的限制和不確定性。儘管這些系統經過精心設計和嚴格測試，但在實際生產中，難以預測的環境因素、雜音、以及設備的老化等問題仍然可能導致機器故障。因此，硬體工程師需要負責監控設備的運行狀況，及時發現並解決潛在問題，確保生產線的正常運轉。

其次，即便是最先進的機器人和自動化設備，也需要進行定期的維護和保養。這就需要硬體工程師檢查設備的各個部分，更換磨損的零部件，以確保機器的長時間穩定運行。

此外，機器故障的及時發現和處理也離不開 24 小時的工人監控。儘管工業機器人具備先進的自我監測和報警系統，但仍然需要人類的干預和判斷。工人在生產線上負責監控設備運行情況，一旦出現異常，能夠迅速採取措施，減少故障對整個生產過程的影響。

可以說，當前的無人工廠還是「不完全」的無人工廠，是無人工廠的初級階段，不過，當前無人工廠所面臨的困境，卻能夠隨著類人形態的工業機器人的到來迎刃而解。

究其原因，傳統的工業機器人通常是固定的，執行特定任務，而類人化的工業機器人則更具靈活性和智慧化，未來，工業機器人就能夠透過先進的感知和學習系統，自主識別設備運行中的問題，並採取適當的措施進行修復。這樣的自我維護能力將顯著減少對硬體工程師的依賴，從而減少機器故障對生產的影響，實現生產線的更加穩定和可靠。

此外，類人化的工業機器人具備更高級別的自主決策和協同工作能力。傳統機器人在遇到複雜問題時通常需要人類進行干預和指導，而類人化機器人能夠更好地理解生產環境的變化，進行智慧決策，並與其他機器人協同工作。

事實上，在更早以前，人們就設想或設計過這一場景。2014 年德國漢諾威國際工業博覽會上，西門子公司的展臺前人山人海，一條代表「未來製造」的汽車生產線吸引了許多參觀者的眼球。兩台庫卡機器人正完美配合，裝配福斯（Golf）7 系轎車的車門。這些機器人不僅具備嫻熟的裝配技藝，還懂得彼此溝通—如果前一台機器人提高了裝配速度，它會提前通知後一台機器人做好準備；它們甚至還能靈活變換工作任務，幾分鐘前還在安裝車門，幾分鐘後可能就開始另一項新任務了，比如安裝方向盤，甚至噴塗油漆。

可以說，「機器對話」，即機器與機器之間的通訊，是對按部就班的自動化生產的一次巨大跨越，也是未來工業的標誌之一。「溝通」將成為未來工業的核心要素，這種溝通包括人與人、人與機器、機器與機器之間的資訊交換，並且，對於整個龐雜的製造過程來說，要做到高效精準，就必須提高溝通的速度與準確度 —— 這就意謂著機器間的每次溝通時耗或頻次將達到百萬分之一秒，甚至更低。

在工業 4.0 時代，工業機器人的智慧不僅僅體現在溝通上，它們還可以藉助海量資料提供的「經驗」，對生產中複雜的狀況做出精準判斷；它們甚至能發展出模仿、學習的能力，懂得自行組織生產，從而不斷提升生產效率。這使得生產過程更具彈性和適應性，即使在變化多端的工業環境中，工業機器人團隊仍能夠高效協同完成任務。可以預期，未來，類人形態的工業機器人作為智慧化的代表，將遍佈生產線、生產廠房和無人工廠中。

當然，需要指出的是，無論智慧化發展到怎樣先進的水準，人始終都是生產的第一要素，再先進的生產方式仍然需要人來掌控。換言之，無人工廠並不意謂著一個人都沒有，人力資源在無人工廠中仍然發揮著重要的作用。

無人工廠需要專業的工程師和技術人員來設計、部署和維護自動化設備和系統。這些人員負責監控生產過程，解決設備故障和異常情況，並進行調整和優化。此外，在無人工廠中仍然需要操作工人和生產員工來執行特定的任務，如裝配、核對總和品質控制等。與當前初級的無人工廠不同，真正的無人工廠強調的是人機協作，即人與工業機器人之間的緊密合作和互補。通過人機協作，工人可以與工業機器人共同工作，發揮各自的優勢，工業機器人為人類並提供它們的洞察力和判斷力。人類則可以處理複雜的問題、靈活調整生產流程、進行創新和改進。

而這正是工業 5.0 時代的藍圖，是我們人類正在迎接的第五次工業革命。

CHAPTER

4 人形機器人，盡人所不能之事

在機器人超市里，有一個非常特殊的商品區。

這裡的人形機器人既不是服務於 等某一個行業，也不出現在工業生產，它們甚至不常被人類購買和使用，但它們卻有著特別重要的意義，這些人形機器人就是特種機器人。

就在上周，機器人超市總部才剛運送來了一批火災救援機器人，原因是上一批火災救援機器人因為在一場極端惡劣的火災救援中犧牲。當時，這一消息傳遍了整個機器人超市，超市總管瓦力還為此難過了許久。但這也正顯示了這些機器人的重要意義，人類不能沒有這些特種機器人。

4.1 特種機器人，讓人類免於危險

無論是高空戶外還是深海水下，或者火災、地震現場，危險環境總會讓身處其中的人面臨巨大威脅。但不管是出於救援，還是科學探索，人類卻難以真正回避這些危險地方。那麼，有沒有一種辦法可以讓人類既能避免環境的威脅，又能實現目的呢？有，就是特種機器人。

4.1.1 讓生命不再冒險

特種機器人，是機器人的一個重要分支，是指可以代替人在危險、複雜的環境中進行特種作業的機器人。特種機器人通常應用於專業領域，一般由經過專業培訓的人員操作或使用來輔助或代替人執行任務。不同於人類提供服務的服務機器人和提高工業生產力的工業機器

人，特種機器人最大的價值就是在特殊的環境裡，替人類完成諸多看似不可能完成的「艱巨任務」。

特種機器人的應用有個非常明顯的特點，就是在危險或複雜的工作環境中，比如極寒地區、火災現場、深海或高空。這些地方對於我們人類來說都是非常危險的地方，而特種機器人的出現則填補了人類在這些領域中的短板，使得在面對危險時，我們能夠更安全、更高效地應對挑戰。

比如，火災等高危場景就是特種機器人的主要陣地。火災事故現場由高溫引起的強熱輻射、坍塌、燃爆、流淌火等往往會威脅到消防戰士的生命，同時也是造成經濟損失的重要原因。而耐高溫消防機器人就可以成為火災現場的「逆行者」，替代消防人員衝鋒陷陣，最大限度保護人們的生命和財產安全。

在 2021 世界機器人大會上，力升高科就展示出了一系列 1000℃耐高溫消防機器人產品，包括耐高溫消防機器人、防爆消防偵察機器人、耐高溫消防偵察機器人等。其產品突破了以往消防裝備的作戰區域限制，實現了零距離偵察、零距離滅火、零距離降溫、零距離堅守四大優勢，具備了全範圍能攻善守的作戰能力。

專注消防機器人研發的北京淩天綜合運用機器視覺、機器自學習、自主鏈路等最新科技成果，將機器與人的協作發揮到極致。僅防爆消防滅火偵察機器人就分為輕、中、重型 3 款，此外還有防爆消防中（高）倍數泡沫滅火偵察機器人、防爆消防排煙偵察機器人等。

此外，中信重工也推出了主要用於特大型火災撲救和偵察的機器人，面對石化油庫與煉製廠火災、大面積易燃氣體洩漏事故等場景，該機器人的水炮可實現 200 升 / 秒超大流量，具有射程高，續航時間久、火源偵察能力強等優勢，可以勝任特大型火災撲救以及黑暗和惡劣環境下的作業需要。

除了火災外，對於人類來說，不管是實施救援還是科學探索，海洋也是一個充滿未知風險的地方。

從海洋安全來看，近年來，海盜、走私和非法捕魚活動有增無減，對世界各國的安全、商業運營和經濟造成了沉重打擊。各國單獨、集體或單方面採取的措施均未證明足以有效解決這些問題。ICC 國際海事局最新發佈的全球海盜活動報告記錄了自 2021 年初以來的 40 起綁架船員案件，而 2020 年第一季度該數量僅為 22 起。除了海洋安全外，海洋探索也是科技發展的前沿，這就需要大量高效智慧化特種機器人對水域生態進行監測、對海洋能源進行探查、為環境保護提供水文資料、對水利水電設備進行檢修等。

對於海洋這一特殊環境，博雅工道已經深耕多年，比如，博雅工道的騎士號水下救援機器人（水下觀測系列）就是一款配合高效動力系統，操控靈活，可以快速抵達水下目標的救援特種機器人。它僅重 15 公斤，能夠靈活準確地穿過水下障礙物到達事發現場，配合設備搭載的高清攝像系統和水下照明燈，為救援打撈行動提供清晰可靠的水下視野。除了水域救援，博雅工道在地下管網、環保監測、海洋海事等方面均有相應的機器人產品。

相對於工業機器人的大規模應用與服務機器人的熱潮迭起，一直以來，特種機器人都顯得頗為「低調」，但特種機器人對於人類社會的價值卻一點都不比工業機器人和服務機器人小。

特種機器人的存在不僅提高了任務執行的效率，還為人類在探索未知、挑戰極限的道路上提供了強大的支援。可以說，在特殊環境中，特種機器人的靈活運用使得我們能夠超越過去所能及的範圍，讓科技真正成為人類的得力助手。

4.1.2 特種機器人有什麼特性？

特種機器人行業其實是在工業機器人的基礎上發展而來的——隨著機器人行業整體技術逐漸成熟，傳統的工業機器人領先企業，開始發力特種機器人，進行細分場景機器人的研發，針對性研發能夠處理極端情況的技術和軟硬體系統。因此，特種機器人的誕生，也標誌著機器人行業的進一步演進和細分。

而在特種機器人的發展過程中，我們也可以看到與傳統工業機器人相比，它呈現出一系列獨特的特徵。

首先，相較於一般的服務機器人和個人機器人來說，特種機器人具備更高的適應性和應變能力。如果說常規的工業機器人是坐在辦公室上班的白領，那麼特種機器人就好像是餐風露宿、出現在各種戶外場合的建築工人。正是為了應對火災、核輻射地區、深海或深空這些多樣的複雜的環境，特種機器人才需要具備更高的適應性和應變能力。

比如，在火場中，特種機器人需要穿越濃煙，進入高溫環境，執行搜救任務。其搭載的先進感測器就能夠幫助機器人感知被困者的位置和狀況，而機械臂的靈活性使得特種機器人能夠在狹窄、危險的環境中實施救援行動。這種勝任危險任務的能力，不僅提高了救援效率，更有效地保護了救援人員的生命安全。

再比如，在輻射環境下，人類無法直接進入進行作業，而特種機器人卻可以。特種機器人配備的防輻射外殼和高度靈活的機械臂，使得機器人能夠在受輻射區域內進行準確清理工作，有效降低了人類暴露在輻射環境中的風險。特種機器人在這個領域的應用，不僅提高了清理效率，也為人類提供了更安全的工作環境。

其次，特種機器人更強調感知、思維和複雜行動能力。相較於一般意義上的機器人，特種機器人需要更大的靈活性、機動性，以適應複雜多變的環境。

事實上，感知能力的提升正是特種機器人發展的核心。為了在多樣的工作環境中準確感知並理解周圍情況，特種機器人需要配備先進的感測器。這些感測器能夠感知光、聲、溫度、濕度等多個方面的資訊，從而構建對環境的綜合認知。比如，在火災救援中，特種機器人的紅外感測器能夠探測到火源和受困者的體溫，透過攝影機獲取即時圖像，為機器人提供全方位的感知能力，使其能夠迅速作出反應。

有了感知能力，特種機器人還需要有良好的決策能力和反應能力。特種機器人需要能夠分析感知到的資訊，識別環境中的障礙物、危險源等，並做出相應的決策。而在危險環境中，特種機器人的反應速度的快慢可能關係到任務的成功與否。因此，特種機器人往往透過整合高速計算和即時控制技術，在毫秒級別做出反應，規避障礙、調整路徑，確保在複雜多變的環境中保持高效運行。

感知能力、決策能力、反應能力以及行動能力的提升成為特種機器人發展的重要方向。這意謂著特種機器人在執行任務時能夠更加智慧化、自主化，能夠在未知的環境中做出準確決策，而不是人類的直接干預。這種特徵也使得特種機器人從外觀到功能上都遠離了最初工業機器人所具有的形狀和單一功能，成為真正的智慧夥伴。

最後，特種機器人的延伸性更強。特種機器人的興起不僅滿足了當前各種特殊領域的需求，更是為未來新興領域的湧現奠定了基礎。

一方面，隨著科技的不斷發展，特種機器人將進入更多領域，如太空探索、醫療服務、環境監測等，進一步擴展其應用範圍。

另一方面，特種機器人的興起將帶動更多相關學科的發展。在特種機器人的研發和應用過程中，人工智慧、材料科學、生物工程等學科都將得到進一步推動。為了提高特種機器人的感知、決策、反應和行動能力，人工智慧技術將不斷創新。材料科學的發展將為特種機器人提供更輕、更堅固、更耐高溫、耐腐蝕的材料，以適應不同的特殊環境。同時，生物工程的進步也將為特種機器人的設計提供靈感，模仿生物體的結構和功能，使得機器人更加適應複雜的任務和環境。

這種相互促進的創新鏈條將使得特種機器人的應用領域更為廣泛，技術水準更為先進。特種機器人不再局限於特殊領域的任務執行，而是逐漸走向更為普適的應用範圍，為人類創造更多的可能性。這也反過來促使相關學科的發展，形成良性迴圈，推動整個科技領域的不斷進步。

特種機器人的發展，不僅是科技進步的體現，更是人類對於探索未知、挑戰極限的追求。它不僅提升了工作效率，降低了人類在危險環境中的風險，還為人類創造了更多的機會，使得我們能夠更深入地瞭解和利用地球上和宇宙中的各種資源。特種機器人的崛起，標誌著科技與人類共同前行的步伐不斷加快，為建構更安全、智慧、高效的未來提供了強有力的支援。

4.2 當機器人參與緊急救援和極限作業

特種機器人作為替代人類在危險、惡劣環境下作業必不可少的工具，是輔助完成人類無法完成的比如緊急救援、空間與深海作業、精密操作等的關鍵技術裝備，今天，許多的特種機器人已經在各自領域內發揮著關鍵作用。此外，隨著人工智慧各項技術的突破，以及在人類對更智慧、更靈活的特種機器人的追求下，特種機器人還在向類人形態發展。

4.2.1 特種機器人的兩大應用

不同的特種機器人有不同的目的和功能，其中，緊急救援和極限作業，是特種機器人最重要的兩個應用方向。

4.2.1.1 緊急救援機器人

緊急救援機器人是專門為協助在災難發生後的救援行動而設計的。畢竟，有許多災害不可預測，難以避免不管是核電、化工、礦難、火災、交通等人為事故，還是地震、海嘯、颱風、洪水、乾旱等自然災害，頻繁多發的各種災害總在威脅著人們的生命與安全。基於此，為減少災害帶來的損失，除了平時要注意自然保護、遵循生產規範、提升安全意識外，災後救援同樣重要。

傳統的應急搶險救援方式，主要依賴人力。期間可能也會有相應裝備輔助，但人工救援仍然是主流。這就導致，一方面由於災後空間狹小、環境惡劣等問題，救援人員難以深入現場；另一方面，二次災害隨時有可能發生，處置稍有不當就可能給救援人員也帶來嚴重安全危害。

面對傳統的以人力為主的救援，機器人救援就能很好地解決這些問題。緊急救援機器人的主要任務就是在災害、事故等緊急情況下進行救援工作，包括火災救援、地震救援、水災救援等各種災害情境。在這些情況下，人類可能面臨生命危險，而緊急救援機器人則能夠沖入危險區域，執行搜尋、救援、搜救等任務，為被困者提供緊急援助。

相比於人類的血肉之軀，緊急救援機器人擁有堅硬的外表和靈活的身軀，這使得其既能夠抵禦各種惡劣環境的侵襲，輕鬆進出各種人類無法企及的場所，具備強大適應性。與此同時，緊急救援機器人所具有的強大功能，也使得其能夠更加專業化和有針對性的實施各種救援行動，讓救援變得更加合理、高效、精準、安全以及全面。

在 2023 世界機器人大會上，就有多款緊急救援機器人亮相。比如，山東國興智慧科技股份有限公司開發的排澇機器人，對於城市內澇、橋涵積水、地下車庫排水等搶險救災任務中出現的積水深度大、積水時間長、車輛通過能力差等水淹地帶，排澇機器人可以直接拖拽水帶，自行駛入深水區域進行抽水排澇，快速把水排放到遠端，保障消防隊伍和居民的安全。

再比如北京淩天智慧裝備集團股份有限公司開發的防爆消防滅火偵察機器人，作為特種機器人的一種，防爆消防滅火偵察機器人採用鋰電池電源作為動力源，使用無線遙控的方式遠距離操控消防滅火機器人，可使用於各種大型石油化工企業，隧道、地鐵等不斷增多的油品燃氣、毒氣洩漏爆炸、隧道、地鐵坍塌等災害隱患多發地。防爆消防滅火偵察機器人具備滅火、聲音影像偵察、有毒有害氣體偵察、災區環境偵察功能。

地震救援機器人也是近年來廣受關注的緊急救援機器人。在這一方向，英國瓦立克大學的學生曾研製出一款用於地震搜救的機器人，這款被命名為 Kinect 救援機器人在圖像感知方面幾乎無所不能，Kinect 的測距儀能夠傳輸 3D 地圖，這對營救人員搜尋被困人員意義重大。此外，還有來自美國的 Vecna Robotics 設計的人型機器人 BEAR，主要用來代替人類進行救援，它可以將處於危險情況下的人們抱出，並且可以透過調整不同的站姿來承載不同的重量，可以分別用雙腳、膝蓋或臀部站立。人類迄今為止無法提前準確預測地震的來臨，突如其來的地震我們無法阻止，但在地震發生後我們可以利用科技的力量，讓機器人代替我們進行一些危險地援救工作。

4.2.1.2 極限作業機器人

與緊急救援機器人不同，極限作業機器人主要面向那些人類難以完成或存在危險的工作任務，特別是在極端環境和條件下執行工作。

常見的極限作業機器人有許多種，包括原子能輻射下作業的機器人、水下作業的機器人、空間作業機器人、地下採掘機器人等。這些機器人往往具備強大的耐受性，能夠在高溫、低溫、高壓、輻射等極端條件下穩定運行，在各自領域內發揮著關鍵作用，從而為人類提供一種在極端環境作業更安全、更高效的解決方案。

比如，日本在處理福島核電站問題的過程中就不止一次應用了機器人。2011 年 3 月，日本東海岸發生有史以來最強烈的地震，造成了日本福島第一核電站事故的發生，這次事故也是繼 1986 年切爾諾貝利核事故之後，全球史上最嚴重的一起核事故。福島核電站洩露事故發生後，日本派出機器人進行現場勘察並執行各項任務。

不過，在開始的時候，機器人執行任務並不順利。其中，由千葉工業大學、國際救助系統學院和日本東北大學聯合開發的 Quince 1 被廢墟裡的殘骸纏住，與外界失去了聯繫。後來，由日立 - 通用核能公司和國際核退研究所開發的勘測機器人被投放使用，但其在輻射超標的現場只強撐了約 30 分鐘也無法繼續工作。

直到 2017 年，一款配備有輻射硬化材料和感測器的水下機器人總算繞過了核廢墟、抗住了核輻射，抵達嚴重受損的三號反應堆，發回了熔毀鈾燃料棒的影像，並準確定位了福島核電站反應堆的熔毀鈾燃料。

值得一提的是，福島水下機器人在行業中的應用，不僅限於核廢水的監測，它還可以用於海洋生態環境的監測和研究。比如，在珊瑚礁保護方面，福島水下機器人擁有高清晰度攝影機和潛水器械，能夠深入水下記錄和分析珊瑚礁的情況，為珊瑚礁保護者提供寶貴的科學依據。除了珊瑚礁，福島水下機器人還可以應用於海洋生物的保護和研究。它可以潛入深海，記錄大型魚類的數量、種類和分佈狀況，為相關機構提供海洋生物資源保護的重要依據。此外，福島水下機器人還可以幫助人們展開對海底地理構造的研究，探索更多未知的海洋奧秘。

再後來，一個名為「蛇」的機器人被研製出來，用以穿過廢墟檢查其他兩個嚴重受損的反應堆，並傳輸反應堆內部圖像。同時，日本政府還在核電站附近建造了一個造價高達幾億美元的研究中心，用以開發新一代防輻射機器人，以進入受損反應堆的深處進行更複雜的工作。

2022 年 2 月，東京電力公司為了取出融化在福島第一核電站 1 號機組核反應爐的核燃料碎片，再次投入機器人對容器內部進行作業。類似作業後來又進行了不止一次。

當然，日本啟用極端作業機器人在核輻射環境裡作業也只是極端左右機器人的一個方向，這也讓我們看到用機器人深入複雜危險之地代替人執行任務的必然趨勢。它們的應用不僅提高了工作效率，還減少了對人類的潛在危險，為人類在各種極端環境下的工作提供了有效的支援。隨著科技的不斷進步，這些機器人將繼續發展和創新，拓展其在不同領域的應用範圍。

4.2.2 替代人類沖向危險第一線

緊急救援機器人和極限作業機器人的誕生，讓人類免於生命的冒險。

不過，我們如果有留意到各式各樣的新聞報導和技術突破，就會發現，在當前，大多數的緊急救援機器人和極限作業機器人都還不是人形的。究其原因，不同於直接接觸人類社會的服務機器人和工業機器人，對於特殊或者極端環境來說，非人形的設計，其實能說明特種機器人更易於工程實現和適應多樣化的任務。

當前的特種機器人的形狀通常很緊湊，便於在狹窄的空間中操作。比如，蛇形機器人可以靈活穿越複雜的地形，四足機器人能夠適應不規則的表面。此外，四足、六足或輪式設計相對於人形設計更容易在不同地形中移動，尤其是在災害現場或極端環境中。這種機動性對於緊急救援和極限作業機器人是非常重要的，因為它們需要快速、靈活地穿越各種場地，以執行任務並回應緊急情況。

值得一提的是，在特種機器人領域，還同時存在另一個趨勢，就是在緊急救援和極限作業領域，我們依然需要類人形態的特種機器人，這也是接下來在特種機器人領域的一個必然趨勢。可以明確地說，類人形態的特種機器人是其他任何形態的機器人都無法代替的。

一方面，從外形角度來說，相比於其他的蛇形、四足或者六足機器人來說，人形機器人也具備獨特的靈活性，在一些場景裡，也只有類人形態的特種機器人才能適應特殊的環境。因為類人形態的機器人可以更好地模仿人的運動方式，這對於很多複雜多變的救援場景都非常重要。

另一方面，類人形態的特種機器人，更容易讓人類從情感上理解和接受，因為人形設計更符合人們對於「夥伴」的預期。這就帶來一個好處，就是類人形態的機器人會更容易與救援人員進行合作，並與受困人員進行互動。比如，對於受困的人員來說，類人形態的機器人可以通過模仿人類的動作、姿勢和表情，傳達更加人性化的溝通訊號。這有助於平復被困者的情緒，提供更有效的支援。比如，在火災救援中，一個類人形態的機器人可以透過手勢和面部表情傳達安全指示，讓被困者更容易理解應急程式。

對於極限作業機器人而言，在執行核輻射清理、深海勘探、高空作業等任務時，類人形態的機器人可以更自然地適應複雜的環境，更輕鬆地與各種工具進行互動，提高工作的效率和精準度。同時，模仿人的動作和姿態使得極限作業機器人更容易在需要與人類工作人員協同作業的場景中發揮作用，無需特殊的設備或介面，這就提高了機器人與人類之間的協作無縫性。比如，在核輻射清理任務中，機器人需要在受到輻射的同時完成複雜的操作，而人形設計使得機器人更具靈活性和協同性，能夠更好地與人類工作人員協同工作。

其實，類人形態的特種機器人，最大的價值，就是能實現和人類的協同工作，再加上它們能代替人類進入危險場景進行作業，這將很大程度地改變未來的緊急救援和極限作業。

未來，隨著類人形態的特種機器人的成熟，特種機器人將徹底代替人類進行危險區域，並帶來救援效率的提升。這些機器人不僅能夠穿越狹窄空間、爬行在倒塌的建築物中，還能執行搜尋和救援任務。在災害現場，特種機器人可以迅速響應，無需擔心受到有毒氣體、瓦礫塊等危險因素的威脅，從而顯著提高救援的速度和效率。在這樣的情況下，人類將不再面臨危險環境帶來的風險，而是由機器人承擔這部分風險。

不僅如此，類人形態的特種機器人甚至還能做的比人類更好，透過先進的感知技術，特種機器人能夠獲得更為準確和全面的資訊；並且，搭載有高度敏感的感測器和攝像設備，這些機器人能夠即時監測作業現場，提供高清晰度的圖像、影片，並透過資料傳輸系統將這些資訊傳送到指揮中心。

特種機器人的這種智慧與靈活，還能進一步拓展極限作業的應用範圍，使得人類能夠更安全、更深入地執行更多的任務。

在未來，緊急救援工作和極限作業行業的變革將不僅僅是技術水準的提升，更是對整個行業模式和工作方式的深刻改變。隨著類人形態的特種機器人的廣泛應用，這些行業將朝著更智慧、更安全、更高效的方向發展，為人類社會帶來全新的救援和作業體驗。

4.3 機器人奇兵，未來軍事的主角

對於特種機器人來說，另一個重要的應用方向，就是軍事應用。今天，類人形態的特種機器人已經在軍事應用領域展現出巨大的潛力，許多國家研製的人形機器人也已經投入軍事行動中。這些類人形態的機器人奇兵，正在成為未來軍事的主角，並深刻改變著戰爭形態。

4.3.1 進擊軍事的特種機器人

早在上個世紀 60 年代，在軍事領域，就已經有了特種機器人的應用。1966 年，美國海軍使用機器人「科沃」潛至 750 米深的海底，成功打撈起一枚失落的氫彈，轟動一時。這也讓人們第一次看到了機器人潛在的軍用價值。今天，幾乎在軍事領域的各個方面，我們都能看到機器人的身影。按不同的任務來區分，軍事機器人主要可以分為戰鬥機器人、偵察機器人和工程保障機器人三種。

4.3.1.1 戰鬥機器人

戰鬥機器人也是軍事領域最常見的機器人，主要就是被用於戰場與敵方對抗。戰鬥機器人可以直接參與作戰，從而大幅減少人員傷亡。事實上，在對抗激烈的戰場上，如何最大程度地降低己方人員傷亡，向來是參戰各方都關注的問題。戰鬥機器人的出現，給解答這一問題提供了新選項。

奧戴提克斯 I 型步行機器人是典型的戰鬥機器人，由美國奧戴提克斯公司研製，奧戴提克斯 I 型步行機器人外形酷似章魚，圓形「腦袋」裡裝有微由腦和各種感測器和探測器．由電池提供動力，能自行辨認地形，識別目標，指揮行動。從外形來看，這一機器人安裝有 6 條腿，行走時 3 條腿抬起。另 3 條腿著地。相互交替運動使身體前進。腿是節肢結構，能象普通士兵那樣登高、下坡、攀越障礙，通過沼澤；可立姿行走，也可象螃蟹一樣橫行，還能蹲姿運動。腦袋雖不能上下俯仰，但能前後左右旋轉，觀察十分方便。奧戴提克斯 I 型步行機器人還具有超強的負重能力，停止間可提重 953 公斤，行進時能搬運 408 公斤。它也是美國設計的士兵型基礎機器人，只要給其加裝任務所需要的武器裝備，就立即能成為某一部門的「戰士」。為適應不同作戰環境遂行戰鬥任務的需要，美國還打算在此機器人基礎上，進一步研製高、矮、胖、瘦等不同型號的奧戴提克斯機器人。

4.3.1.2 偵察機器人

偵察機器人則一般體型精小，具備相當的隱身能力，目前正在研製的有戰術偵察機器人、三防偵察機器人、地面觀察機器人、目標引導機器人、可攜式電子偵察機器人、仿真機器人等。

其中，戰術偵察機器人配屬偵察分隊，擔任前方或敵後偵察任務。戰術偵察機器人身上往往裝有步兵偵察雷達，或紅外線、電磁、光學、音響感測器及無線電和光纖通訊器材，既可依靠本身的機動能力自主進行觀察和偵察，還能通過空投、拋射到敵人縱深，選擇適當位置進行偵察，並能將偵察的結果及時報告有關部門。

沙蚤（Sand Flea）機器人是 DARPA 資助波士頓動力公司研製的一款跳躍式戰術偵察機器人。Sand Flea 通常只是像標準遙控車一樣在靠近地面的地方進行偵察，但當它遇到障礙物時，它會後退並向地面發射活塞，助力 Sand Flea 起跳並翻越十米高的障礙。據美國《連線》雜誌報導，Sand Flea 機器人的導航系統十分精準，士兵可以指揮機器人跳入兩層樓高的一個視窗中，同時，Sand Flea 可在動力耗盡前進行 30 次障礙物（40-60 倍自身高度）翻越。Sand Flea 偵察機器人曾被應用至阿富汗和伊拉克戰場上執行偵查任務。

三防偵察機器人被用於對核沾染、化學染毒和生物污染進行探測、識別、標繪和取樣。美陸軍機器人「曼尼」就是一種三防偵察機器人。

地面觀察機器人身上往往裝有攝像機、夜間觀測儀、鐳射指示器和報警器等，配置在便於觀察的地點。當發現特定目標時，報警器使向使用者報警，並按指令發射鐳射鎖定目標，引導鐳射尋的武器進行攻擊。一旦暴露，還能依靠自身機動能力進行機動，尋找新的觀察位置。

4.3.1.3 工程保障機器人

工程保障類機器人有多用途機械手、排雷機器人、佈雷機器人、煙幕機器人、欺騙系統機器人等，可以從事戰時緊急情況下的修路架橋、佈雷排雷等艱巨任務。

比如，海卡爾思飛雷機器人就是一種外形似導彈的小型智慧型機器人，全重 50 多公斤，裝有小型電腦和磁、聲感測器，可由飛機投送，也可依靠自身火箭機動。當接近目標區時，它身上的深測設備即工作，自行成戰鬥狀態。當發現目標接近時，小火箭即點燃、起動向目標攻擊。攻擊半徑為 500 至 1000 米，速度可達 100 公里 / 小時。

4.3.2 類人形態的機器人奇兵

我們可以看到，當特種機器人應用於軍事領域時，根據不同的作戰任務，也被分成不同類型的軍事機器人，但目前，不管是戰鬥機器人奧戴提克斯，還是偵察機器人沙蚤，或者是工程保障用途的海卡爾思飛雷機器人，它們都不是基於類人形態的軍事機器人。這就讓這些機器人在執行任務時會碰到一些困難。

首先，軍事戰場中複雜的環境會限制機器人的機動性。類人形態的機器人通常能夠模仿人類的步伐和動作，更容易適應各種複雜地形，如山地、城市和森林等。相比之下，非類人形態的機器人在特定地形中的移動能力相對較弱，容易受到限制，降低了它們在實際作戰中的靈活性和應變能力。

其次，在執行某些任務時，這些機器人也可能面臨更多挑戰。比如，敏感設備的安裝、緊急修理等，通常需要高度的機械手靈活性和操作精準度。類人形態的機器人可以更好地模擬人類的手部動作，而非類人形態的機器人就會在這方面存在局限，導致執行某些任務時效率低下，甚至無法勝任。

最後一點，是非類人形態的機器人從情感上是很難被人類士兵接受的，因為從根本上來說，我們更容易接受的應該是與我們類似的這樣的一種機器人，我們心理上會覺得這是我們的夥伴或者同類。但完全機械形態，或者長著四足、六足，就很難在心理層面說服人類士兵。這不僅會導致軍事機器人和人類溝通交流存在問題，而且軍事機器人也很難透過表情或者姿態像人類士兵傳達其他的情報或者訊號。這些存在的問題，都會影響軍事作戰中的團隊協作能力，對於戰場來說，是非常不利的。

事實上，機器人從履帶式到多足式，再到四足式，最終演進為兩足人形，也標誌著機器人的高度發展和深度應用。很多人覺得，和其他機器人相比，人形機器人不就是在外形上做了一個改變，但其實不是這樣的，人形機器人不只是傳統機器人的外形改變和能力簡單提升，而是軟硬體全面迭代升級，智慧水準的實質性飛躍。與其他智慧系統相比，人形機器人形體結構更接近人，能模擬人類各種活動，更好地實現人機互動，更適合替代人類完成複雜任務。而與相比，人形機器人突破了生理極限，可以承受高強度的物理和心理壓力，不會感到疲勞、恐懼、痛苦等情緒，也不會受到道德、法律、倫理等約束，它們可以執行一些高風險、高難度、高殘酷的任務，比如突入敵陣、自殺式攻擊。

因此，在未來，基於類人形態的特種機器人，將會成為軍事機器人的最終形態，或者說是未來軍事的主體。美國一位軍事專家就在其《21 世紀戰略技術》一文中說：「20 世紀地面作戰的核心武器是坦克，而到了 21 世紀，地面作戰的主體力量則可能是軍用機器人。軍用機器人在軍事領域的發展和作用將是不可限量的，也是催生新的戰爭形態的最有潛力的技術動力。」

事實上，今天，在軍事領域，已經有了許多人形機器人。比如，2023 年，韓國科學技術院（KAIST）一組研究人員開發出了世界上第一個人形機器人飛行員。這個被稱為 PIBOT 的機器人被設計成適合人類駕駛艙的大小，身高 160 釐米，體重 65 公斤。PIBOT 的優勢在於它能夠適應不同的駕駛艙和飛行系統，而無需修改飛機結構。並且，PIBOT 不僅能夠輕鬆坐在飛行員座椅上並用手扳動駕駛艙內的開關，還嘗試了使用人工智慧技術來記憶飛行圖和緊急協定。韓國科學技術院團隊認為，他們的 PIBOT 具有很強的適用性和實用性，「我們希望它們未來還能夠應用於傳統汽車和軍用卡車等各種其他車輛，因為它們可以控制廣泛的設備。它們在軍事資源嚴重枯竭的情況下尤其有用」。

4.3.3 人形機器人的軍事未來

戰場需求的多樣性，催生出不同的軍用機器人。隨著科技的發展，今天，越來越多的機器人開始走向戰場，並深刻改變作戰制勝途徑和方式，帶領軍事走向一個人機協同的智慧化作戰未來。

具體來看，當人形機器人加入軍事戰場時，最先改變的就是軍事戰場的作戰力量和組織形態。在力量組織形態上，部隊不再是傳統的編制，而是由大量人形機器人擔任重要作戰崗位，成為新時代的「鐵軍」。一個戰鬥班組不再只有士兵，還有多個機器人夥伴，形成了一支更為強大的團隊。

同時，人形機器人也能夠單獨編組，如偵察分隊、打擊分隊等，智慧型機器人部隊應運而生。要知道，數量一直都是影響作戰效能的一個關鍵因素，或許單獨一台人形機器人的攻擊能力相對有限，但當它們以集群形式運用時，攻擊能力將會得到極大的提升。就像蜜蜂的攻擊一樣，一隻蜜蜂的攻擊能力有限，容易被防禦，但當無數隻蜜蜂同時攻擊一個目標時，形成的集群攻擊將變得難以預測和防禦，具有巨大的殺傷力。

這也推動戰時的編組設計更加靈活多變。根據不同的作戰任務和目標，人形機器人可以進行人機混合編組，也可以單獨成隊。在實際作戰中，這些機器人既能夠操作各種裝備，又能夠在特定的戰場時空條件下充當裝備，實施更為靈活的攻防行動。作戰人員不需要再親臨前線，而是在後方進行指揮和決策，與人形機器人與智慧化平台協作，共同完成一線任務。

與此同時，人形機器人的軍事應用，還將推動戰爭形態向更高的智慧化水準邁進。畢竟，人形機器人的高水準類人能力意謂著高度智慧化。在實際作戰中，相較於其他無人系統，人形機器人的優勢在於更接近人類活動的模式。為了適應未來的作戰環境，人形機器人將不僅僅局限於像波士頓動力的「Atlas」那樣的基礎技能，例如翻滾、倒立和跳舞，而是能夠自主適應複雜、高度對抗的戰場環境，自主組織人機互動，自主識別判斷、操作裝備，並協同完成任務。這種高度智慧化的能力將使人形機器人在實戰中發揮更為靈活和高效的作用。

戰爭的未來正在悄然改變。未來戰場上，人形機器人將利用其特有結構和智慧，穿越崎嶇地形、進入狹小空間組織攻防行動；特殊條件下，人形機器人或許還會扮演作戰主角，直接操控各種武器裝備。可以說，人形機器人投入軍事應用，不僅提高了軍隊的整體效能，也引發了對未來戰爭形態的重新思考——人形機器人不再是簡單的輔助工具，而是成為了軍事力量的重要組成部分，帶來了新的作戰理念和戰術策略。

我們可以預期，未來的戰爭，在人形機器人時代，戰場上所出現的不再是我們人類，而是人形機器人。我們人類將藉助於腦機介面技術來實現對人形機器人士兵的指揮，從而建構一種全新的戰爭模式。

CHAPTER

5 人形機器人，點燃萬億市場

5.1 人形機器人，該落地了

5.2 人形機器人產業鏈大公開

5.3 商業巨頭入局，動作加速

5.4 從專利角度看人形機器人的發展

5.5 走向普及，面臨挑戰

當初，為了爭奪機器人超市中心的總管位置，各個企業都卯足了勁。因為掌握這一職務不僅代表著自家生產的機器人能更多地被社會使用，還意謂著對未來機器人市場的主導權，這也會給他們帶來巨大的商業利益。

在激烈的競爭中，企業們推出了一系列各具特色的人形機器人，不僅在外觀設計上巧妙取捨，功能上也力求卓越。這場競爭持續了很久，也激發了創新，推動了人形機器人的發展。這才有了我們今天看到人形機器人在各行各業的廣泛應用，以及遍佈世界各地的人形機器人超市。

5.1 人形機器人，該落地了

在艾西莫夫的《鋼穴》中，有一個對話提到了管理農場的兩種選擇。

第一種選擇是將拖拉機、收割機、翻土機、汽車和擠奶器等機械裝上電子腦，使它們成為智慧機械。第二種選擇是保持收割機、翻土機、汽車、擠奶器原狀，但使用一個帶有電子腦的機器人操控它們。

那麼，一個聰明的人會如何選擇呢？其實這種設想就很生動地描述出了人形機器人的意義和優勢。與其重新設計所有工具，不如生產出能夠模仿人類外形和行為方式的機器人。這樣的機器人能夠完美融入人類現有的生活、適應各種場景和利用所有已有的工具。

簡而言之，我們的生活和生產無需為了這種機器人做出任何多餘的改變，人形機器人就能非常自然的融入到我們人類的社會中。而作為一門綜合了機械、電子、材料、電腦、感測器和控制技術等多個學科的產業，人形機器人是一個國家科技實力和發展水準的重要標誌。明確全球已開發國家都不惜投入鉅資進行相關的開發和研究，包括日本、美國、韓國、英國等國家都在大力進行人形機器人的研製。

尤其是進入 2023 年，人形機器人產業似乎迎來了歷史性的「創新大爆炸」時刻。技術推動，資本熱潮，政策扶持，都讓人形機器人這把火越燒越旺。一直以來，關於人形機器人的核心三要素技術，智慧大腦、物理軀體和感知系統。或者可以理解為軀體骨骼與控制系統、大腦神經系統以及類人的皮膚感知系統，這三大核心系統都沒有獲得很好的突破。當然，隨著技術的積累，在皮膚感知系統，包括 3D 列印技術的導入，我們要在類人的皮膚感官方面達到類人的真實感已經可以實現。

但是隨著物理軀體控制系統的不斷突破，並且隨著大模型與人形機器人結合的認識逐步清晰，不論是國家、資本或是產業，似乎都意識到了人形機器人即將到來的變革，人形機器人似乎擁有了將原有能力更好地泛化到新場景的機遇。從政策角度來看，受益於政策的推出與落地，機器人產業的發展邏輯變得愈發清晰。技術創新加上政策加持，讓資本市場也聞風而動。

在這樣的背景下，經歷了數十年商業化困境的人形機器人，在今天，終於逐步走向了商業化落地。儘管距離真人的這種類人應用要存在著一點的差距，但是技術雛形的出現與落地，將會加速從仿生人走向類人的方向。

5.1.1 曲折的商業化道路

從歷史來看，人形機器人早已有之，早在 1973 年，日本早稻田大學加藤一郎就帶領團隊研發出世界上第一台真人大小的人形智慧型機器人 —— WABOT-1。而自人形機器人誕生起，人們就在人形機器人身上寄予了商業化的期待，希望人形機器人的商業化能為人類社會帶來新的變化。很顯然，過去的歷史並沒有實現人形機器人這一偉大的設想，但是人類的夢想推動著技術一直不斷的前進，讓我們在歷史的當下看到了實現的可能性。

儘管當下來看，半個世紀過去了，商業化依然遙遙無期。波士頓動力公司被幾度出售，2018 年，曾經開創人形機器人先河的本田 ASIMO 機器人宣佈退役，2021 年，一度生產過 27000 台人形機器人的軟銀機器人公司，宣佈停產 Pepper 人形機器人。究其根本，性能和成本是核心阻力。換言之，人形機器人想要真正走向人類社會，必須具備兩種特性，即類人的功能性和機器的低成本。但一直以來，人形機器人產品，都離這兩點相差甚遠。

所謂類人的功能性，指的是人形機器人在物體軀體與功能上要達到類人的能力，能夠在我們人類社會中承擔我們人類的大部分工作，包括在製造業、服務業及其他領域中，成為比人或其他機器人更高效的生產力工具，而不僅僅被看成作為門面擺設或表演用的「機器大玩具」。從這一點來看，目前人形機器人的功能性還很弱。我們在第一章講過，人形機器人由三部分組成，智慧大腦、物理軀體和感知系統，對於一般的傳統機器人來說，只需要其中一種技術成熟往往就能具備使用價值。比如，工業機器人主要側重於運動控制，掃地機器人則側重於導航傳感技術。

人形機器人則不然，它必須在應用場景上具備通用性，需要像人類一樣的靈活自如，而不是特定場景下的單一任務。這樣一來就複雜多了，需要更高的技術整合和融合，需要對更大的資料集建模，也需要對語言和指令有更強大的理解力。但在此之前，單一的從人工智慧大腦層面來看，人工智慧資料和模型基本處於孤立發展狀態，且迭代速度很慢，也不具備類人的智慧性。這就讓人形機器人很難獲得突破，要麼是「智慧」成「智障」，要麼就是只會運動跑酷。

甚至有時候，人形機器人連物理軀體都很難控制好。對於目前大多數的人形機器人來說，目前還只能在平地行走，能走在不平的地面很少，能穩定上下樓梯的就更少。作為對比，四足機器人目前的運動能力已經較為成熟。這還僅僅是移動能力的局限，而人形機器人要有功能性，還需要手部的操作能力與決策智慧，目前這些能力的發展，也並不比移動能力更成熟。更重要的是，人形機器人需要把這些能力整合到一起工作，比如說運動控制，做單隻手的控制還很容易達成，但如果是兩隻手，再加上手臂以後的整體的協調性，它整體的控制演算法就不像單個手那麼簡單了。還有腳呢？還有思考決策呢？

對於此，連人形機器人巨頭波士頓動力都尚覺困難。之前，波士頓動力推出了 Atlas 跑酷的影片，讓大眾甚至認為人形機器人的運動能力已經接近人類。實際上，Atlas 在拍攝過程中，接近一半的時間都會失去平衡倒下。Atlas 控制負責人 Ben Stephens 就承認：「大約 90 秒的連續跳躍、慢跑、轉彎、後空翻等動作中的每一個動作都有失敗的可能，因此失敗的概率加起來是相當高的。」

除了功能性存疑以外，人形機器人還面臨另一個巨大的挑戰：高成本。高成本主要來源於兩個方面，核心零部件的高度定制化，以及未知的市場需求。究其原因，目前，在人形機器人行業還沒有形成行業標準，因此目前人形機器人的零部件只能依靠定制化，這就讓人形機器人的成本變得非常高。以伺服電機為例，現有的產品無法滿足人形機器人關節上面的應用需求，因為人形機器人需要伺服電機同時具備體積小、重量輕、大扭矩與超載能力強的特性，而且每家的技術路線可能還有所不同，零部件廠商還要根據不同機器人企業的需求微調，讓成本居高不下。並且，不確定的市場需求，讓核心零部件廠商無法下定決心研製並生產適配人形機器人的產品。

另外一方面則是人形機器人對於零部件的精密度要求高，在一些零部件方面對材料的軟硬複合性能也提出了更高的要求，並且還需要對這些零部件實現精準的驅動與控制。這在我們人類而言，在漫長的進化與馴化過程中，我們培養出了靈活的肢體控制能力，比如快速的跑步、快速的停止，隨意的揮舞手掌以及非常自如的面部表情的變化，但是這些對於機器人而言都是非常困難的技術挑戰。因為人形機器人要實現我們人類的這一些肢體功能與表情能力，背後所依賴的是精密的零部件與智慧控制系統。

舉個例子，2023 年 2 月，中國的人形機器人公司優必選科技向香港交易所提交的招股書顯示，2020 年～ 2022 年 9 月的 33 個月內，優必選總淨虧損額高達 24.03 億元，同期研發總支出達 12.7 億元，相當於優必選每賺 1 塊錢其中超過一半要放在研發當中。

另一家由軟銀資本投資的中國的人形機器人公司「達闥科技」，於 2019 年向美國證券交易委員會（SEC）提交的招股書顯示，該公司 2018 年淨虧損達到 1.57 億美元，而在 2017 年，這一數字僅為 4770 萬美元，同期毛利潤 640 萬美元，運營虧損達 7240 萬美元。而 2018 年該公司研發支出達 5410 萬美元，比上一年增長 138.5%，甚至超出了毛利潤。

可以說，造血能力弱、高額虧損、研發投入高，是人形機器人行業目前的常態。因為所涉及的產業鏈極為複雜與龐大，並且比汽車等行業的要求更高。

5.1.2 商業化是難而正確的事

儘管一直以來，人形機器人的商業化道路都走得曲折坎坷，但從科技趨勢來看，人形機器人的商業化，依然是一件正確無比的事。對於人類未來而言，人形機器人是一個無法拒絕的產業。

尤其是從產業第一性原理出發，人形機器人存在的價值就是替代掉高成本人力，尤其是在一些高度重複性勞動，以及具有相當高威脅係數的行業，人形機器人取代人類，這是一件具有很高確定性的事件。要知道，傳統的生產線往往需要大量的人力進行協同作業，而人形機器人的引入可以實現自動化、智慧化的生產流程。機器人不受工時限制，不需要每天休息，能夠在不斷高效運轉的狀態下完成任務。這顯著提高了生產效率，縮短了生產週期。並且，對於企業來說，高技能、高專業度的工作者通常是高昂的支出，而人形機器人的投資和維護成本相對較低。通過引入這些機器人，企業可以實現對人力成本的有效管理，降低生產過程中的勞動力開支，從而提高盈利水準。

事實上，上世紀 90 年代，隨著已開發國家勞動力成本不斷攀升，機器人產業曾經有過一段比較快速的發展。但伴隨中國等新興國家加入世界貿易組織，全球產業迎來巨大的人口紅利。這一時期的變化在很大程度上改變了全球勞動力市場的格局。

現在完全不一樣了，國際勞工組織的一份報告顯示，過去 20 年，G20 發展中國家的平均實際薪資幾乎翻了三倍。這反映了這些國家在勞動力市場中的強勁表現，這也意謂著，原先依賴於低成本勞動力的產業面臨著更高的生產成本和勞動力費用。長期看，隨著中國不斷追求產業升級，勞動密集型產業再次全球大挪移幾乎已成定局。

但問題在於，放眼全世界難以再找到像中國這樣擁有大規模高素質勞動力群體的國度承接相關產業。尤其是中國的高度穩定社會環境、豐富的人力資源以及完善的基礎設施構成了獨特的競爭優勢，更是難以輕易被其他國家取代。

近年來，雖然一部分低端產業已經開始向東南亞等地轉移，但效果卻遠遠不及預期。東南亞地區在吸引外資和產業遷移方面面臨著一系列挑戰，包括基礎設施不足、勞動力素質不高、政策環境不穩定等問題。這使得這些地區在一定程度上無法完全替代中國在全球產業鏈中的地位。

再者，全球人口正在以前所未有的速度高齡化，這也是一個加速機器替代人力的大勢所趨。高齡化社會帶來的勞動力短缺和社會養老負擔的增加，使得許多國家紛紛尋求技術和自動化的解決方案。

在一系列的因素下，機器替代人力已是大勢所趨。至於目前人形機器人行業存在的技術和成本問題，遠期看也都不是問題。而人形機器人時代的到來，將會對當前的國際競爭格局帶來深刻的重塑，並且會打破過往的經濟學理論。也就是，基於人的勞動力成本、素質、能力將不再是製造業競爭力的核心，而是基於人形機器人所構建的新型產業競爭力優勢。

從技術方面來看，除了物體軀體的技術不斷獲得突破之外，大模型的普及正在為人形機器人帶來新的活力。從 2017 年的 Transformer，再到 GPT-1、BERT、GPT-2、GPT-3、GPT-4，模型的參數量級在短短幾年內實現了從億到百萬億量級的跨越。

隨之而來的是，大模型正在從文字、語音、視覺等單一模態大模型向多種模態融合的通用 AI 方向發展。由此便可將語音、視覺、決策、控制等多方面技術與人形機器人直接結合，全面提升機器人的能力值。可以說，大模型的出現，補全了讓機器人產業從 1% 到 10% 躍升的技術基礎。

對於此，已經有人工智慧公司 Levatas 與波士頓動力合作，將 ChatGPT 和 Google 的語音合成技術接入 Spot 機器狗，成功實現與人類的互動。底層技術的高速進化讓整個世界看到了將人形機器人大規模商業化的可能，全球主要的科技大廠基本都在做嘗試和準備。

再來看成本，其實，只要能不斷商業化，任何一項新技術和新產品都會從高價走向低價，電腦、智慧手機、電動車等都是如此。當年日本本田 ASIMO、波士頓動力 Atlas 等人形機器人的單台成本分別高達 300 萬美元和 190 萬美元，而現在特斯拉已經能做到 2 萬美元，可以預見今後的趨勢一定是一方面成本會進一步下探，另外一方面是性能與功能會不斷提升。

5.1.3 人形機器人正在湧現

這裡特別要提到的，就是特斯拉的人形機器人「擎天柱」，可以說，是特斯拉吹響了人形機器人商業化的「衝鋒號」。2021 年特斯拉首次公佈人形機器人專案，2022 年 10 月 1 日，特斯拉人形機器人「擎天柱」，搭載特斯拉同款自動駕駛軟體系統和感測器，首次亮相特斯拉 AI Day，並展示了搬運箱子、為植物澆水、在汽車工廠中移動金屬棒等可能應用場景。馬斯克聲稱，預計最早將於 2023 年開始生產，售價降至 2 萬美元以下。

2023 年 5 月，特斯拉 CEO 埃隆·馬斯克在大會現場介紹了特斯拉人形機器人「擎天柱」的全新型號，展示了人形機器人抓取物體的能力，運控能力進一步提升，人形機器人已經擁有電機扭矩控制、環境探索與記憶、基於人類追蹤運動的人工智慧訓練以及物體操縱能力。

7 月，馬斯克在特斯拉財報電話會議上，再次披露其人形機器人的最新進展。馬斯克說，公司現在已製造了 10 台「擎天柱」人形機器人，預計明年能在工廠執行有用的任務，並且他正在與腦機團隊討論合作研發機械假肢。

9 月，特斯拉的官方帳號又在 X 平台上分享了一段影片，展示了人形機器人擎天柱執行各種任務，包括了做瑜伽和自動按顏色對方塊進行分類。根據官方的描述，擎天柱現在可以自主對物體進行分類。

比如，在影片中，擎天柱可以憑藉類似人類的速度輕鬆分類物體的能力，識別物品的不同顏色。再者，當人類干預任務增加複雜性時，擎天柱能夠快速適應這種變化並成功完成任務。然後擎天柱也能做出需要單腿站立並伸展四肢的瑜伽姿勢，展示其平衡性和靈活性。根據影片，擎天柱現在能夠自我校準它的手臂和腿。它還可以使用視覺和關節位置編碼器在空間中精確定位其肢體。這一功能使機器人能夠更高效、更準確地完成物理任務。

可以看到，從最開始提出人形機器人概念，到原型，再到擁有一定抓握能力和操縱能力，再到不斷獲得各種突破，特斯拉在人形機器人領域迭代迅速。這不僅讓我們看到了人形機器人正在朝著類人化的方向快速發展，同時也為人形機器人的產業化應用帶來了希望。

更重要的是，作為世界級的「帶貨王」，馬斯克的特斯拉發佈「擎天柱」，也引發世界進一步關注人形機器人產業。

美國的其他科技巨頭企業也開始佈局人形機器人，比如美國亞馬遜於 2022 年 4 月成立工業創新基金，將 1.5 億美元投資已推出商用人形機器人的美國 Agility Robotics 敏捷公司，用以提高倉儲自動化程度。英國的戴森於 2022 年 5 月宣佈計畫投資 50 多億元並招聘 2000 人，在 10 年內開發用於做家務的人形機器人。韓國的三星也投資了兩足步行機器人「HUBO」，2021 年宣佈將投入 2050 億美元至人工智慧、機器人等領域，將公司的下一個發展破題點押注機器人。

在中國，人形機器人領域的浙江大學「悟空」最早嶄露頭角。深圳優必選的「Walker」系列是目前全球唯一能夠量產交付的人形機器人。2022 年，小米推出了人形機器人原型機 CyberOne「鐵大」，未來將用於 3C 和汽車生產線。上海達闥預計 2025 年推出人形機器人「小紫」擔任家庭保姆，並於 2035 年實現全球商用。純米科技於 2023 年 1 月 19 日官方公佈了純米全尺寸人形仿生機器人的螢幕首秀影片，內部代號為「大強」，全身共有 35 台伺服電機，機身高度靈活，五根手指均可以達到仿生級別的彎曲動作，成熟度甚至超過小米的 CyberOne，極大擴展了「大強」未來能夠勝任的工作範圍。

2023 年在北京北人亦創國際會展中心舉辦的 2023 世界機器人大會中，160 餘家國內外機器人企業攜近 600 件展品參展，其中 60 款新品為全球首發。展會上十餘款人形機器人的展示，更是讓大眾看到了人形機器人上積蓄已久的蓬勃活力。

比如，達闥的人形機器人 Cloud Ginger XR 表演了投籃技術，除此之外，還能組成一支「千手觀音」的機器人舞團。優必選則佈置了一塊舞臺，供全球首款氫動力人形機器人 Walker H2 和熊貓機器人優悠展演。

小米帶來 2022 年 8 月發佈的 CyberOne（鐵大），身高達到 1.76 米，體重 51 公斤，有 21 個關節的自由度，不過展會上只安排了靜態展示。

杭州宇樹科技有限公司（下稱「宇樹科技」）剛發佈的人形機器人 H1 也現身展廳。在 2023 年 8 月 15 日宇樹科技呈現的影片中，僅半年時間研發出的 H1 能夠以 1.5m/s 以上的速度行走，即便被人類用腳踢踹，也能維持一定的平衡度。這段影片被發到推特之後，還引起 OpenAI 創始人 Andrej Karpathy 的興致，直言想訂購幾台。宇樹科技稱，H1 人形機器人的售價將低於 9 萬美元，已有比較大的 AI 公司想採購這款產品。

可以說，在 AI 大模型技術的加持下，今天，人形機器人的感知、計算、執行能力都有了大幅提升，這也推動人形機器人進一步向商業化和產業化加速發展。

5.1.4 當政策東風吹向人形機器人

在人形機器人技術不斷創新突破的同時，各國政策也在向人形機器人產業加碼，推動人形機器人走向大規模商用。

在中國，早在 2021 年，國家層面就已經發佈了相關政策。根據 2021 年底工信部等十五部門聯合印發的《「十四五」機器人產業發展規劃》，中國未來機器人產業將瞄準高端化智慧化發展，且藍圖已經繪就。其中，在服務機器人方面，明確將重點研製果園除草、精準植保、採摘收穫、畜禽餵料、淤泥清理等農業機器人，採掘、支護、鑽孔、巡檢、重載輔助運輸等礦業機器人，還有建築機器人、醫療康復機器人、養老助殘機器人、家用服務機器人、公共服務機器人。

2023 年 1 月，工信部等十七部門聯合印發《「機器人 +」應用行動實施方案》提出到 2025 年，製造業機器人密度較 2020 年實現翻番。聚焦 10 大應用重點領域，突破 100 種以上機器人創新應用技術及解決方案，推廣 200 個以上具有較高技術水準、創新應用模式和顯著應用成效的機器人典型應用場景，打造一批「機器人 +」應用標杆企業，建設一批應用體驗中心和試驗驗證中心。

10 月，國家層面政策直接聚焦人形機器人產業，工業和資訊化部印發了《人形機器人創新發展指導意見》(以下簡稱《指導意見》)，提出到 2025 年，人形機器人創新體系初步建立，整機產品達到國際先進水準，並實現批量生產，在特種、製造、民生服務等場景得到示範應用。同時，培育 2-3 家有全球影響力的生態型企業和一批專精特新中小企業，打造 2-3 個產業發展集聚區。

此次發布的《指導意見》提出，以大模型等人工智慧技術突破為引領，在機器人已有成熟技術基礎上，重點在人形機器人「大腦」和「小腦」、「肢體」關鍵技術、技術創新體系等領域取得突破。具體來說，一是開發基於人工智慧大模型的人形機器人「大腦」，增強環境感知、行為控制、人機互動能力，開發控制人形機器人運動的「小腦」，搭建運動控制演算法庫，建立網路控制系統架構；二是系統部署「機器肢」關鍵技術群，打造仿人機械臂、靈巧手和腿足，攻關「機器體」關鍵技術群，突破輕量化骨骼、高強度本體結構、高精度傳感等技術；三是建構完善人形機器人製造業技術創新體系，支援龍頭企業領頭聯合產學研用組成創新聯合體，加快人形機器人與元宇宙、腦機介面等前沿技術融合，探索跨學科、跨領域的創新模式。

此外，《指導意見》還明確了特種領域、製造業典型場景、民生及重點行業三個方向的應用場景。一是加快人形機器人在特種環境的應用，面向惡劣條件、危險場景作業等需求，強化複雜環境下本體控制、快速移動、精確感知等能力；二是聚焦汽車等製造業重點領域，提升人形機器人工具操作與任務執行能力，打造人形機器人示範產線和工廠，在典型製造場景實現深度應用；三是拓展人形機器人在醫療、家政等民生領域服務應用，滿足生命健康、陪伴護理等高品質生活需求，推動人形機器人在農業、物流等重點行業應用落地，提升人機互動、靈巧抓取、分揀搬運、智慧配送等作業能力。

除了中國外，全球已開發國家也都投入了鉅資對人形機器人進行開發研究，其中，美國和日本則代表全球人形機器人技術發展的頂尖水準。

美國在人形機器人領域的研究主要集中在航太和軍事領域，早期研究資金也大多來自美國軍方，典型代表是機器人宇航員和 Atlas 人形機器人。1997 年起，在美國國防部高級研究計畫局（DARPA）的資助下，美國國家航空航天局（NASA）開始致力於人形機器人的研究，主要用於太空探索任務。2007 年，NASA 和通用汽車聯手開發了 Robonaut 2，並於 2011 年將其運載到國際空間站，它是首個進入太空的人型機器人。

Atlas 則是由 DARPA 指派波士頓動力公司研發的人形機器人，早期研發的主要目的是用於國防軍事活動和重大災難的救援重建，聯邦合約資訊的資料顯示，自 1994 以來，波士頓動力公司從美國軍方獲得的合約價值 1.5 億美元。經過近 10 年的更新迭代，Atlas 已經成為目前世界上最先進的人形機器人之一，可以熟練的完成垂直起跳、跨越障礙、後空翻，並逐步開啟手腳都參與的跑酷功能。

美國在人形機器人領域的研究主要集中在航太和軍事領域，早期研究資金也大多來自美國軍方，典型代表為機器人宇航員和 Atlas 人形機器人。

1997 年起在美國國防部高級研究計畫局（DARPA）的資助下，美國國家航空航天局（NASA）開始致力於人形機器人的研究，主要用於太空探索任務。2007 年 NASA 和通用汽車聯手開發了 Robonaut 2，並於 2011 年將其運載到國際空間站，它是首個進入太空的人型機器人。

Atlas 是由 DARPA 指派波士頓動力公司研發的人形機器人，早期研發的主要目的是用於國防軍事活動和重大災難的救援重建，聯邦合約資訊的資料顯示，自 1994 以來，波士頓動力公司從美國軍方獲得的合約價值 1.5 億美元。經過近 10 年的更新迭代，Atlas 已經成為目前世界上最先進的人形機器人之一，可以熟練的完成垂直起跳、跨越障礙、後空翻，並逐步開啟手腳都參與的跑酷功能。

進入 20 世紀以來，基於美國在機器人軟體和人工智慧領域的技術優勢，人形機器人研發開始由矽谷科技公司主導，並向智慧化方向發展。2013 年，Google 母公司 Alphabet 收購包括波士頓動力在內的 8 家機器人公司以組建機器人部門，其開發的自動駕駛汽車本質上是配備電腦與感測器的移動機器人。2022 年特斯拉高調宣佈入局人形機器人，公開推出了人形機器人「擎天柱」的原型機。不到 2 年時間，「擎天柱」已經實現了直立行走、搬運物體、灑水等複雜任務，是第一個沒有遙控、外部電源，完全依靠人工智慧演算法、自身電池電控和高驅動電驅執行器驅動的人形機器人。

日本在人形機器人方面也處於世界領先地位。作為全球高齡化最嚴重的國家之一，人形機器人在日本市場的應用場景主要以諸如娛樂社交、陪伴看護等日常生活服務為主，但日本人形機器人的發展進程並非僅僅依靠需求拉動，而是更多來自技術推動。日本人形機器人研發主體由汽車製造和電子技術廠商主導，自 80 年代起，本田汽車、豐田汽車、索尼、富士通、日立、軟銀等公司積極參與人形機器人佈局，紛紛推出自己的人形機器人產品，Aibo、Asimo、Pepper 等機器人均在此時期誕生，本田公司研發的 Asimo 作為全球最早實現雙足行走能力的人形機器人，代表了當時最領先的技術水準，長期佔據人形機器人全球排行榜第一的位置。

除此之外，日本產業技術綜合研究所（AIST）在人形機器人發展方面也發揮了重要作用。AIST 是日本最大的國立研究機構，具備強大的產業基礎技術研究能力和資源統合協作能力，作為大學與企業界之間的「橋樑」，AIST 多年來聯合大阪大學、東京大學、川田工業、安川電機、清水建設等主體共同推進人形機器人技術研發，其中最具代表性的是 HRP 系列計畫。HRP 系列計畫是由日本經濟產業省（METI）和新能源與產業技術開發組織（NEDO）贊助，由川田工業株式會社領頭，日本產業技術綜合研究所（AIST）和川崎重工株式會社共同研發的通用家庭助手機器人的開發專案，旨在開發「在人類作業、生活環境中的與人協調、共存，能夠完成複雜作業任務的仿人機器人系統」，迄今為止，HRP 系列計畫共推出了 5 代人形機器人研發成果。

而日本在人形機器人方面取得的技術成就主要的推動力來自三方面：一方面是日本屬於技術與產業輸出型國家，在國家人口人數本身不佔據優勢的情況下，顯然要通過發展機器替代人的技術來構建產業的競爭力；其次是日本的人口結構中，高齡化問題比較突出也比較嚴重，或者說是目前發達經濟體中老年化問題最嚴重的國家，因此必須要藉助於技術，尤其是嘗試人形機器人來建構人機互動社會，以此來解決老年人的照護問題；最後是日本在高端的精密製造方面有獨特的技術優勢，不論是特種材料的研發，或是高精密零部件的研發方面，日本的研發與技術體系都具有推動落地的優勢。

5.1.5 商業潛力無限

正如 ChatGPT 的出現推動了人工智慧走入了大眾的應用視線，同樣，在大模型這種超級智慧大腦技術的推動下，資本也意識到了人形機器人也將迎來突破與實現的可能。技術創新加上各國政策加持，讓資本市場也聞風而動。2023 年以來，人形機器人行業投資明顯加快。比如，美國人形機器人創業公司 Figure 兩個月就完成了兩輪融資，其中，7 月獲得了英特爾投資的 900 萬美元投資；2023 年 5 月，Figure 完成了 7000 萬美元 A 輪融資，由 Parkway Venture Capital 領頭。根據路透社報導，在 5 月融資時，Figure 估值已經超過 4 億美元。

在中國 A 股的二級市場中，人形機器人概念股都炒了幾波。5 月，馬斯克在 2023 年股東大會上關於人形機器人 Optimus 的一番話，直接拉漲了一波 A 股機器人概念 —— 賽摩智慧 20CM 漲停，豐立智慧在六個交易日漲幅近 160%，直接引發了深交所的關注。此外，從 2023 年年初到 10 月，人形機器人概念股平均上漲超過 13%，跑贏同期上證指數，昊志機電等多隻個股累計漲幅超 50%。

投融資方面，騰訊、百度、比亞迪、軟銀願景基金、高瓴、藍馳創投等數十家領頭企業和機構入局，優必選、追覓、傅利葉智慧、星動紀元等多家涉足相關技術的公司已累計完成超過 50 億元融資。

市場機構對人形機器人的未來發展呈現樂觀態勢，比如，弗若斯特沙利文預測，到 2026 年，全球人形機器人市場規模將達到 80 億美元；而高盛則預計，如果克服諸如產品設計、用例、技術、可負擔價格，以及廣泛公眾接受度等障礙，到 2035 年，在藍海市場情景下，人形機器人市場能夠達到 1540 億美元的規模，與電動汽車市場旗鼓相當，相當於 2021 年智慧手機市場規模的三分之一。

另外，Markets and Markets 也對人形機器人市場進行了報告，預測人形機器人市場規模將從 2023 年的 18 億美元增長到 2028 年的 138 億美元，其複合年增長率可達 50.2%。

事實上，相較於傳統機器人，人形機器人更大的價值就在於其通用性。畢竟，人類生活場景複雜，而與人體結構相似度較高的人形機器人能夠在人類生活環境中自如運動，不需要為人形機器人特別改造環境。同時，人形機器人外形與人類相似，更容易在心理上為人所接受，除了讓人的生活方式變得更加便捷化和智慧化之外，還能提供更加人性化的服務。

人形機器人的通用性也打開了人形機器人的應用場景，不難想像，數以億計的全球家庭一旦對人形機器人放開懷抱，市場空間將多麼不可限量。將是一個遠大於汽車、數碼等產業，或者說是人形機器人產業在未來將是一個遠大於當前任何產業的一個新產業，這對於各個國家的產業經濟競爭力的構建尤為重要。

可以說，在經歷了多年曲折的發展之後，今天，人形機器人終於走到了商業化的前夜，落地指日可待。

5.2 人形機器人產業鏈大公開

想要深入瞭解人形機器人產業，繞不開對其產業鏈的分析。而相較於傳統機器人，人形機器人的產業鏈更為複雜。在傳統經濟模式中，通常認為房地產與汽車業是拉動產業鏈經濟最長的產業，但在新的產業結構中，人形機器人所構建的產業鏈結構更為龐大，並且所形成的產業規模遠大於汽車產業。顯然，也正是由於龐大與複雜的產業鏈結構，也在一定的程度上導致人形機器人的發展受到了產業鏈技術的制約。

以特斯拉的人形機器人為例子，對其結構進行拆解，就能對人形機器人的產業鏈技術有個相對清晰的瞭解。特斯拉的人形機器人 Optimus 具有 172 釐米的身高和 73 公斤的體重，共有 28 個運動自由度（不包括靈巧手），在靜坐和慢走時的耗電功率分別為 100 瓦和 500 瓦。目前可以硬拉 68 公斤的重物，最大負重為 20 公斤。Optimus 目前具備與人類相媲美的手部和工作能力，可以完成工廠搬運箱子、植物澆水和移動金屬棒等複雜動作。

在電動和驅動控制系統方面，Optimus 的軀幹部分有 28 個執行器（不包括靈巧手），配著備 2.3 千瓦時 /52 伏特的電組池，還備配了斯特拉的 SOC 晶片。在關節執行器方面，Optimus 全身採用了六種標準執行器，包括 20 牛頓米 /110 牛頓米 /180 牛頓米的旋轉執行器和 500 牛頓 /3900 牛頓 /8000 牛頓的線性執行器，它們都具備良好的力和力矩輸出能力。

在感知決策層面，Optimus 配備了基於全自動駕駛系統（FSD）的 Dojo 超級計算平台，搭載了 8 個特斯拉汽車同款攝影機，具備強大的感知能力。它還搭載了與特斯拉汽車相同的晶片，基於全身各部位感測器輸入的訊號進行行動決策和回饋控制。

人形機器人的關節驅動原理主要是由伺服系統完成的。機器人的「大腦」（運算決策系統）發出指令，經過「小腦」（控制器）制定具體的運動控制指令，然後伺服驅動器接收指令並驅動執行機構進行運動。執行機構包括電機（空心杯電機 / 無框力矩電機）、減速器和末端執行器件，減速器的作用是降低電機的轉速，驅動末端執行器進行運動。末端執行器裝有位置感測器、力矩感測器等感測器，用於檢測並回饋運動訊號給控制器，控制器根據回饋訊號對指令進行對比和調節。

特斯拉的 Optimus 機器人共有 14 個旋轉執行器，電機和減速器的成本佔據了超過 44%。根據特斯拉提供的參數推測，Optimus 全身預計使用了 14 個旋轉執行器，其中包括無框電機、諧波減速器、力矩感測器、編碼器、角接觸軸承和交叉滾子軸承。無框電機、諧波減速器和力矩感測器在成本中所占比重較大。根據阿里巴巴 1688 網站上一些公司的報價，中國國產無框電機的單價在 1000 ～ 2000 元左右，諧波減速器的價格在 2000 ～ 5000 元左右，力矩感測器的價格約為 500 元。而如果要使用高端的零部件，成本將會更高。

特斯拉的 Optimus 機器人預計使用了 14 個線性執行器，其中行星滾珠螺桿和反向滾珠螺桿是線性關節中成本占比較高的零部件。特斯拉的人形機器人線性關節由無框電機、反向滾珠螺桿、行星滾珠螺桿、力矩感測器、位置感測器（編碼器）、球軸承和四點接觸球軸承構成。根據特斯拉提供的參數推測，Optimus 機器人預計使用了 14 個線性執行器。線性執行器具有很好的負載能力和力矩輸出能力，目前最大可提升九吋大小的重物，並具有優異的提升能力。行星滾珠螺桿具有高承載能力、高強度、高精度和長壽命的優點，但結構複雜，加工難度較高，因此在零部件成本中占比較高。根據阿里巴巴 1688 網站上一些公司的報價，瑞士 ROLLVIS 行星滾珠螺桿套件的售價約為 2 萬元，山東博特精工相關產品的價格約為 1900 元。

特斯拉的 Optimus 機器人的靈巧手主要由空心杯電機、行星減速器、行星精密齒輪箱、螺紋絲攻和編碼器構成。目前主流的靈巧手有兩種方式，一種是內建式，即將驅動、傳感、控制等所有的驅動執行零部件都整合在手掌內。另一種則是外接式，即將體積較大的電機驅動器外接在手臂，採用拉線方式從遠端控制靈巧手的關節。這種方式和內建相比，成本更低、難度也有所降低。典型代表是英國的 shadow hand，目前特斯拉的 Optimus 也採用這種方式。

Optimus 的設計靈感來自於生物學，每隻手擁有 5 個手指和 11 個自由度，由 5 根「經脈」（線驅動）透過齒輪驅動一根金屬線來控制手指彎曲，並整合了感應器和鎖定裝置，以更加節省能耗。靈巧手使用了六電機佈局方式，其中大拇指採用了雙電機用於彎曲和側擺，其他四根手指各安裝了一個電機用於驅動動作。

手腕則由兩根執行器控制，該設計不僅能讓手腕轉動，還可以做水平的動作。除此之外，特斯拉還需要將 4-5kg 左右的電驅手臂整合在雙足機器人上，這對人形機器人的行動、操作和精巧抓取都提出了更高要求。Optimus 機械手具備負重 20 磅（9KG）和自我調整抓取（能夠抓取不同形狀、尺寸的物體）的能力，因此，使得 Optimus 的手部勞動力能夠勝任工廠的一般工作。

因此，Optimus的雙手共有12個執行器，加上其他部位，整個特斯拉機器人全身共有40個執行器。空心杯電機是靈巧手的核心部件，它具有尺寸小、功率低、控制性能好和穩定性高等特點，是典型的微特電機。空心杯電機能夠滿足人形機器人靈巧手的設計和技術要求。而特斯拉的Optimus機器人即是目前比較有代表性的人形機器人，也是目前比較初級的人形機器人，如果要實現類人的人形機器人，在很多的零部件與控制環節都還面臨著不小的挑戰。

5.2.1 上游：核心零部件

從當前的工業機器人技術層面來看，伺服器、減速機、控制器是工業機器人三大核心零部件，這三大核心環節成本占比超過70%。而人形機器人的技術比工業機器人更為複雜，人形機器人產業鏈的上游為基礎原材料以及零部件，中游為機器人本體和系統整合，下游為不同應用場景。假設參考工業機器人來推算，核心零部件占工業機器人成本超70%，其中減速器、伺服系統、控制器分別占比約36%、24%、12%。考慮到人形機器人相較於傳統工業機器人自由度大幅提升，預計減速器、電機成本占比將會更高。

具體來看，人形機器人產業鏈的上游主要由核心零部件——包括驅動裝置（伺服系統+減速器）、控制裝置（控制器）和各類感測器等構成。值得一提的是，人形機器人所需的核心零部件和工業機器人、服務機器人基本相同，但數量和品質均存在升級需求。

5.2.1.1 伺服系統

伺服系統是實現運動控制的核心元件，每個人形機器人都需要配備一套伺服系統。伺服系統主要由伺服驅動器、伺服電機和編碼器組成，編碼器通常內建在伺服電機中。伺服系統的工作原理是，伺服驅動器向伺服電機發送訊號驅動其運動，同時編碼器將伺服電機的運動參數回饋給伺服驅動器，伺服驅動器會對訊號進行綜合、分析和修正。通過閉環控制方式，整個系統能夠精確控制執行機構的位置、速度、轉矩等輸出變數。伺服系統主要應用於對定位精度和運動速度要求較高的工業自動化領域，能夠通過閉環控制實現精密、快速且穩定的位置控制、速度控制和轉矩控制。

伺服系統是一種可以精準輸出運動狀態的驅動裝置，機器人主要採用電氣伺服系統。目前機器人主要採用伺服電機，伺服電機、伺服驅動器、編碼器共同構成了伺服系統。伺服驅動器用於將輸入控制量轉化為電訊號，驅動電機運動，並根據回饋資訊進行調節；伺服電機是系統中的執行器；編碼器通常嵌入於伺服電機，是測量運動參數的感測器，用於將電機運動情況回饋給驅動器，實現閉環控制。在機器人中，伺服系統用於準確控制輸出的機械位移或轉角、位移速度、加速度等，從而讓機器人各部位以所需方式運動。

在伺服系統市場競爭格局方面，歐美和日系品牌佔據了高端市場，而中國品牌的市場佔有率則持續增長。中國伺服系統市場主要分為歐美、日韓和中國三大陣營，長期以來，歐美和日系品牌主導了中高端市場。在中國市場上，德國西門子、倫茨、博世力士樂等歐系品牌產品具有超載能力強、動態回應好和驅動器開放性強等優勢，處於行業的前列，但價格昂貴。

安川、三菱、松下等日系品牌產品則以可靠性和穩定性高以及高性價比為特點，更適合中國國內目前這個階段客戶的需求。而性能接近日系品牌性能的台系品牌產品，則以低廉的價格，或者說更具有性價比的優勢快速發展與佔領中低端市場。匯川技術、禾川科技、雷賽智慧等廠商代表著中國市場引進、消化和吸收國際先進技術，其產品品質和技術水準不斷提升，並逐漸在中國市場獲得一定的市場佔有率。可以預期，不久的未來，中國國內的這些廠商有望憑藉性價比優勢和技術積累加速向中高端市場滲透。

目前，伺服系統已經普遍應用於機床工具、紡織機械、電子製造設備、醫療設備、印刷機械自動化生產線及各種專用設備等，可分為通用伺服系統和專用伺服系統，機器人使用的伺服系統屬於通用伺服系統。根據 MIR 睿工業資料，2021 年中國通用伺服市場規模超過 230 億元，同比增長超 35%。而未來，人形機器人的推廣有望進一步推升伺服系統市場市場規模。從機械設計原理出發，若要輸出確定的運動，機器人的原動件數（電驅系統中即為電機數）應當等於其自由度。市場現有的人形機器人自由度在 30~40 左右，遠高於常見的工業機器人自由度（2~6），加入靈巧手後自由度會更高。雖然人形機器人以欠驅動系統為特徵，使用的原動件數目可能略小於其自由度，但即便如此，人形機器人伺服電機的單機用量仍大幅高於工業機器人。因此，未來人形機器人的量產有望推動伺服電機需求量上升，從而推升伺服系統市場規模。

5.2.1.2 減速器

機器人關節減速器是透過齒輪傳動原理工作的裝置，可以將高速旋轉的電機轉化為機器人關節低速高扭矩旋轉的動力。它的結構主要包括輸入軸、輸出軸、齒輪組和殼體等部分。電機通過輸入軸帶動齒輪組旋轉，逐級傳遞給齒輪組中的齒輪，最終驅動輸出軸旋轉，從而實現機器人關節的運動。

這也就意謂著，減速器是機器人使用的精密傳動裝置。減速器是連接動力源和執行機構的中間機構，具有匹配轉速和傳遞轉矩的作用。精密減速器是具有更高控制精度的減速器，主要應用於機器人、數控機床等高端領域，其種類包括諧波減速器、RV 減速器、擺線針輪行星減速器等。人形機器人使用的減速器主要為諧波減速器與 RV 減速器等精密減速器。

精密減速器是包括諧波減速器、RV 減速器和精密行星減速器在內的一類裝置。根據其控制精度的不同，減速器分為一般傳動減速器和精密減速器兩種類型。一般傳動減速器的控制精度較低，但能滿足機械設備的基本動力傳遞需求。相比之下，精密減速器具有回程間隙小、精度較高、使用壽命長等優點，更加可靠穩定，並廣泛應用於機器人、數控機床等高端領域。在精密減速器的類別中，有諧波減速器、RV 減速器、精密行星減速器等各種類型可供選擇。

當前，減速器在機器人、數控機床、光伏、半導體等專用設備領域均有應用。對於高精度、高價格的諧波和 RV 減速器而言，工業機器人是其下游最主要的應用領域之一。根據 GGII 資料，2021 年中國工業機器人減速器總需求量為 93 萬台，同比增長 78.1%。GGII 預計，2022 ～ 2026 年，中國工業機器人用減速器需求總量在 940 萬台左右。

如果未來人形機器人得到普及，精密減速器、特別是諧波減速器市場需求有望較當前大幅增加。究其原因，減速器是配合電機使用的器件，在人形機器人中的用量基本和伺服電機數量一致。在上面我們已經提到，市場現有的人形機器人自由度在 30~40 左右，遠高於常見的工業機器人自由度（2~6），也就是說，人形機器人減速器的單機用量（約 30~40 台）將遠高於現有工業機器人（單機減速器用量 2~6 台）。基於此，未來，人形機器人對精密減速器市場規模的拉動作用將更明顯。

5.2.1.3 控制系統

控制系統是機器人的神經系統，用於控制驅動系統完成對應運動。在機器人中，控制系統根據指令及傳感資訊，向驅動系統發出指令，控制其完成規定的運動。控制系統主要由控制器（硬體）和控制演算法（軟體）組成。

人形機器人的控制系統是非常複雜的體系，我們可以以優必選的最新一代 Walker 機器人為例子。透過優必選北研所高級演算法工程師董浩的介紹，我們可以瞭解到優必選最新一代的人形機器人，儘管距離類人的人形機器人還有不小的距離，但已經是目前中國國產機器人中相對比較領先的人形機器人。新一代的機器人具有 36 個自由度，分為兩個 6 自由度的腿，兩個 7 自由度的手臂，兩個 4 自由度的靈巧手和一個 2 自由度的頭。

此外，它還配備了十個感測器，包括六維力、IMU 慣性感測器和超聲感測器等。這款機器人的分散式控制系統非常複雜，要求能夠快速進行通訊，並且需要週期性的定時跳動，以確保演算法在高動態的工況下發揮最佳效果。此外，即時機器人控制系統還要求所有伺服關節同步運動，並且感測器資料同步採集，從而確保演算法的輸入和輸出始終在一個節拍中，以確保演算法的性能。由於所有演算法都需要滿足即時性的要求，因此在一定的時間週期內完成計算十分關鍵，整個系統的運算能力需要足夠強大，以確保複雜的多工演算法能夠及時完成。

從運動控制演算法的角度來看，人形機器人的運動控制目標主要包括末端位置、末端速度、末端姿態和末端力四個方面的控制。末端位置是指雙足和雙臂的工作空間的末端工作點。末端位置、姿態和速度的控制主要是為了滿足雙足行走和雙臂操作時對工作空間軌跡的要求。而末端力的控制主要是為了實現對環境的適應性，包括與人的物理互動，使 Walker 機器人更安全、更強韌、更協調。

而人形機器人對控制系統的要求主要分為三個方面，即時通訊、運算能力與系統。

1. **通訊**：為了解決眾多伺服關節的高速同步通訊問題，優必選採用了 EtherCAT 即時高速乙太網。整個控制系統支援不少於 50 個節點，並具備拓撲關係的適應性，這對於機器人非常重要。但由於機器人的內部空間有限，對伺服關節之間的走線要求很高。而選用 EtherCAT 相對來說具有兩方面優勢：一方面是，伺服之間的通訊線纜可以採用一進一出的方式，減少走線的空間佔用；另外一方面是，可以採用星型連接，簡化四肢末端通訊線纜的連接關係，並且這樣的網路工作模式也便於故障排查，即可以快速定位到出現異常的伺服關節節點。

2. **運算能力**：演算法的目的是為了控制末端的位置、姿態、速度和力，版權要實現快速的回應，因此需要具備多自由度的運動學和動力學演算法。隨著自由度的增加，計算的複雜度會顯著增加，並且會對運算能力提出更高的要求。而且在某些情況下，運動學和動力學可能沒有辦法獲得解析，只能通過數值求解來獲得結果，這進一步增加了計算的複雜度。這不僅對運算能力的硬體提出了更高的要求，同時也對基於人工智慧的演算法提出了要求。這也就是為什麼這次的大語言模型在技術上獲得了突破之後，就加速了人形機器人產業的爆發。因為未來人形機器人要想進入千家萬戶，要想與我們人類社會協同，就需要適應複雜環境的演算法，包括走路時對地面的適應性、手臂操作時對障礙物的適應性以及人機互動和協同的適應性。很顯然，這些複雜演算法對控制器的運算能力與基於運算能力的人工智慧都提出了巨大的挑戰。

3. **軟體**：各種運動控制演算法不論是以獨立的 APP 方式運行，還是相容到一個系統下，本質上控制系統都需要提供一個即時的運行框架，以滿足不同運行週期的演算法 APP 即時計算的要求，並充分利用硬體的計算資源。考慮到應用場景的不斷擴展，就會促使複雜演算法不斷升級，為了實現運算能力的擴展和均衡，這就對底層的軟體控制系統提出了更高的要求。如果要實現多場景的通用化與個性化使用場景的相容，就要求所有演算法 APP 能夠在不同的主控板卡上進行分散式運算，並具備高速即時資料交互能力。同時需要平衡功耗、成本和運算能力之間的關係，這也就意謂著對底層的演算法系統提出了更多的相容要求，要求演算法 APP 具備跨平台能力，以更好地利用硬體的計算資源。從目前主流的工業機器人廠商的發展情況來看，控制系統通常都是自行開發的控制器。主要原因就在於，對於工業機器人而言，控制器是其核心的組成部分，因此現有的主流工業機器人廠商會不同程度地自行開發控制系統。控制系統主要參與者包括兩類：一類是主流的大型機器人廠商，自主研發控制器和控制演算法，包括 ABB、KUKA、發那科、中國的埃斯頓等；另一類則是專業的控制系統廠商，單獨售賣控制器，提供可擴展和二次開發的硬體和軟體平台，包括 KEBA、貝加萊、倍福、中國的固高科技、英威騰、雷賽智慧等。

未來很有可能會出現類似於安卓或者 IOS 之類的控制系統，不論是基於開源或者是封閉的路徑，這也是非常值得關注的方向。

5.2.1.4 感測器

人形機器人需要具備對外界環境的識別能力，實現導航、避障、交互等功能，而這一切都需要使用感測器識別物體、測距等。人形機器人需要用到多種感測器，包括力矩感測器，拉壓力感測器、編碼器、溫度感測器、六力感測器和慣性感測器等。其中，慣性感測器（Inertial measurement unit，IMU）是實現人形機器人姿態控制的核心，六力感測器是力控、擺動穩定控制的核心，可精準測量隨機變化的力。

對於機器人感測器來說，根據檢測物件的不同可分為內部感測器和外部感測器。內部感測器和外部感測器共同組成了機器人的感知系統，用於獲取機器人內部和外部環境的資訊，並把這些資訊回饋給控制系統。內部感測器往往是指用來檢測機器人本身狀態（比如手臂間角度）的感測器，以實現獨立行走、動態平衡、一般肢體動作等，包含位置感測器、速度感測器、力感測器、平衡感測器和加速度感測器，同時也為控制系統提供回饋資訊。而目前工業機器人常用的內部感測器包括位移感測器、角速度感測器、加速度感測器以及多維力感測器，具體有編碼器、陀螺儀等。

外部感測器則是用來檢測機器人所處環境及狀況的感測器，用於使機器人更準確地獲取周圍環境情況，並在特定環境實現所需功能。包括用於模仿人類的感官，包含視覺感測器、觸覺感測器、聽覺感測器、嗅覺感測器、味覺感測器和鄰近感測器等。目前用於獲取環境及操作物件資訊的外部感測器主要有攝像機、紅外線感測器、雷射雷達等；與實現特定功能相關的感測器包括氣體識別感測器、局部放電感測器等。

具體來看，在人形機器人中，儘管有各式各樣的感測器，但其中圖像感測器、雷達（鐳射、毫米波、超聲波）、六維力矩感測器、編碼器、柔性感測器等高端感測器，占總成本比率超過 27%，是人形機器人的核心零部件，更是具身智慧不可缺少的核心感知部件。除此之外，還有位置、速度、加速度、平衡、力覺、觸覺、視覺、聽覺、接近覺、距離、嗅覺等等 10 多種感測器應用於人形機器人中。

機器人上根據需求的不同常採用一維和六維力感測器，主要是根據測力的維數進行劃分，力感測器可以分為一維到六維感測器。從主流的力感測器的測量維度來看，一維、三維、六維力感測器是較常見的產品。一維力感測器因只具備單項力控，價值量相對比較低，目前的售價只有幾百塊錢人民幣每個，根據需要在機器人關節中配置。而六維力感測器則多用在人形機器人的手腕和腳踝等關鍵部位，按照特斯拉目前階段的人形機器人來看，每個配置 4 個感測器。很顯然，隨著人形化的進一步優化，對於六維力感測器的需求將會更大。

這也讓我們看到，儘管目前六維力感測器市場規模較小，未來成長性強。但六維力傳感器具有非常高的技術壁壘及高附加價值量，並且伴隨著協作功能的不斷優化，人形機器人市場對多維高精度力感測器需求會不斷提升。據高工機器人產業研究所（GGII）資料顯示，2022 年中國市場六維力感測器銷量為 8360 套，同比增長 57.97%，機器人行業銷量達 4840 套。假設六維力感測器銷售均價為 2 萬元，則 2022 年中國六維力感測器市場規模約為 1.7 億元。

六維力感測器國際市場主要參與者包括美國的 ATI，德國的 SCHUNK、加拿大的 Robotiq，丹麥的 OnRobot 及日本的新東工業和 WACOHTECH，其中 ATI 是絕對的龍頭。ATI 與國際龍頭企業長期、廣泛合作。ATI 為 Kuka、ABB、安川等協作機器人廠商提供六維力感測器，為 Fanuc 定制了專屬 Fanuc-Ready 系列六維力感測器，為

NAVECO、長城、長安、吉利、通用、福特、戴姆勒、本田、豐田、日產、雷諾等汽車廠商提供工具快換。

如果單一的從感測器市場來看，產品智慧化廠商、自動駕駛感測器廠商、機器視覺廠商，都是人形機器人感測器的潛在參與者。自動駕駛參與者具備在複雜道路環境中避障、巡航等技術積澱，而機器視覺廠商具備識別和處理操作物件的技術和演算法積累，均有望切入人形機器人感測器賽道。

5.2.2 中下游：本體製造和終端應用

人形機器人的中游涵蓋人形機器人本體製造商以及面向應用部署服務的系統整合商，下游主要由不同領域的企業客戶和個人消費者組成，共同形成巨大的機器人應用市場。

從中游來看，當前，全球範圍內多家領頭科技企業均加入人形機器人賽道，目前已知的包括中國企業就有華為、小米、戴森，還有深耕人形機器人本體製造已久的優必選、北京鋼鐵科技等；國外包括波士頓動力、特斯拉、Google、OpenAI、三星等等。

但在當前人形機器人本體製造領域中，出現了一個有趣的現象是，主要玩家既不包括遠近聞名的工業機器人四大家族，發那科、ABB、安川、庫卡，也少見埃斯頓、埃夫特、匯川技術、新時達等中國排名靠前的機器人巨頭的身影。目前該領域領跑的玩家主要是如特斯拉、本田等汽車行業，以及小米、OpenAI、華為等科技企業。

但在人形機器人的本體製造方面，還有一個方向是我們不可忽視的。也就是說，人形機器人之所以為「人」，其區別於工業機器人的核心就在於「有皮有鼻有眼」，能看能聽能思考能感知我們人類的世界。

當前或許一些人會把人形機器人理解為有腦子的機器人。目前炒作人形機器人，也主要集中在減速機、伺服電機等方面。其實當前的這些核心技術相當於機器人的骨骼和肌肉，而到了真正的具身智慧時代，皮膚感知就成為了機器本體很重要的一項技術，或者可以理解為電子皮膚。

在機器人領域，電子皮膚的基本特徵，是將各種電子元器件整合在柔性基板之上從而形成皮膚狀的電路板，像皮膚一樣具有很高的柔韌性和彈性，不僅能賦予機器人類似人類皮膚的敏感性，以及觸覺、視覺、聽覺、味覺和嗅覺等感知能力，並且還能讓皮膚達到類人的真皮舒適度。而在特斯拉推出人形機器人後，電子皮膚在機器人領域的產業化進度也正在進一步被加快。

馬斯克曾經說，很快的未來平均每人日常生活會涉及 2 個機器人，全球接近 200 億個人形機器人，如果每個人形機器人皮膚約 2 平方公尺，人形機器人皮膚市場需求高達 400 億平方。同時，氣體感測器就相當於機器人的鼻子，是人形機器人不可或缺的一部分，市場需求至少不低於 200 億機器人的鼻子（氣體感測器）。而這些技術都是人形機器人本體不可或缺的技術，尤其是電子皮膚將會是下一個被關注的產業。

儘管目前中游競爭激烈，企業之間的技術創新和生產效率成為制勝關鍵。不僅要提高人形機器人的性能和智慧水準，還需要不斷降低生產成本，以提升市場競爭力。但在一些具體的本體功能方面，本體製造商需要不斷探索先進的工藝技術和材料，以確保機器人的外觀設計和結構穩固可靠。與此同時，系統整合商則扮演著將人形機器人整合到各個應用場景的關鍵角色，需要具備高水準的軟硬體整合能力，以確保機器人在不同領域中的順利應用。

不過，在終端應用領域，目前還未有成熟的商業應用。從目前的發展來看，人形機器人的應用主要可以分為兩類，普通服務類和特種服務類。普通服務方面，由於人形機器人具有類人的特徵，並具有互動性、智慧性的特點，可以為人類承擔簡單且重複的工作，例如助理、保姆、導覽、教學、娛樂、護理、陪伴等；特種服務方面，人形機器人可替代人類做更為危險的工作，例如煤礦、救援及太空探索等。

目前人形機器人的應用仍處於探索階段。由於人形機器人的機械結構相對複雜且應用場景多樣，最終是否能夠從展廳走進千家萬戶，市場仍具備遠期的想像空間，但這種速度仍取決於人形機器人產業化落地的技術進步速度。

5.2.3 投資者的機會在哪裡？

人形機器人是 AI 具身智慧的最佳載體。具身智慧（Embodied AI）指的是具有身體的人工智慧，是 AI 進入物理世界，實現人機互動的載體。目前藉助於 AI 的多模態技術還可以處理包括文字、圖像、音訊、影片等，可以與人類建立基於人類視角的溝通方式。這也就意謂著，人形機器是 AI 進入物理世界的最佳載體，也必然會引發新一輪的產業與投資機會。

關注產業鏈，一個最重要的價值，就是尋找到人形機器人行業的投資機會。那麼，對於人形機器人產業來說，投資者需要關注什麼？

人形機器人技術創新的關鍵在於感知 - 決策系統。視覺方面，TOF+ 雙目視覺成為目前主要的技術路徑之一。觸覺方面，仿人力控、電子皮膚是核心創新點。決策方面，基於多模態 LLM 的 RobotGPT 將促使機器人實現自然智慧。機械系統技術相對成熟，關注降本增效與一些新功能的突破。支援系統方面，關注儲能電池、運算能力的雲端控制技術的發展。

其實，整體來看，人形機器人是一個相當燒錢的產業，中游製造商到現在還一直在賠錢，不管是幹了幾十年的波士頓動力，還是一眾崛起的新勢力，都沒能逃過這一尷尬處境，甚至被中國稱為「人形機器人第一股」的優必選科技，其人形機器人的營收占比目前只有個位數。

與中下游的尷尬處境不同，上游的能見度和賺錢效應要強的多。其中，減速器、伺服、控制器占工業機器人成本的比例分別為 35%、20%、15%，合計占七成。考慮到人形機器人關節和自由度更多，這部分零部件的占比可能還會更高。

尤其是減速器領域，值得一提的是，零部件中成本占比最高的是減速器，其毛利率最高能到 40%。

減速器領域的玩家很多，在 RV 減速器市場，日本納博特斯克處於壟斷地位，2021 年佔據了中國市場一半以上的市場佔有率，中國廠商雙環傳動市場佔有率緊隨其後。雙環傳動成立於 2005 年，2010 年深交所主機板上市，主要從事機械傳動齒輪的研發、設計、製造與銷售。公司子公司環動科技從事工業機器人精密減速器的研發和銷售，目前已形成工業機器人用全系列 RV 減速器產品，獲得市場的廣泛認可。RV 減速器市場參與者還包括日本住友、中國珠海飛馬、中大力德、南通振康、秦川機床等。

在諧波減速器市場，日本哈默納科處於壟斷地位，2021 年佔據了中國市場 30% 以上的市場佔有率，中國廠商綠的諧波市場佔有率緊隨其後。綠的諧波成立於 2011 年，2020 年在上海證券交易所科創板上市。公司經過多年持續研發投入，實現了精密諧波減速器的規模化生產及銷售，打破了國際品牌在機器人用諧波減速器領域的壟斷，並實現批量出口，在中國工業機器人諧波減速器領域競爭優勢明顯。但未來是否能夠從中低端走向高端競爭，還需要市場檢驗。此外，諧波減速器市場參與者還包括日本新寶、中國來福諧波、同川科技、中技克美等。

伺服電機領域階級分化比較明顯，伺服系統主要參與者包括日系、歐美系和中國廠商。高端產能基本握在日本三菱、安川、發那科、西門子等國際企業手裡，而中國的匯川技術、江特電機、江蘇雷利、雷賽智能、昊志機電等集中在中低端領域，其中匯川技術在中國中低端市場目前具有一定的優勢，2022 年，匯川技術在中國伺服領域的市占率達到 21.5%。

此外，日系企業包括安川、三菱、三洋、歐姆龍、松下等公司，主要為小型功率和中型功率產品；歐美系品牌包括西門子、博世力士樂、施耐德等公司，在大型伺服具有優勢地位。上市公司匯川、禾川、埃斯頓等是中國國產伺服系統優秀代表，目前也在持續推進高端伺服系統國產化進程，但是否能夠如期實現還具有不確定性。

在控制器領域，並且中國本土力量較為薄弱，日本發那科是全球龍頭，其在中國市場的市占率為 18%。中國控制器企業很分散，雖然有卡諾普、萬訊自控、固高科技、英威騰、海得控制等一批專業控制器企業，但尚未形成有效市場競爭力。不論是對於投資者或是創業者而言，人形機器人產業都是一個充滿著機遇的新賽道，可以說全產業鏈都充滿著投資者機遇，但也都面臨著不小的技術挑戰。

5.3 商業巨頭入局，動作加速

引爆人形機器人產業主要是特斯拉與 OpenAI 這兩家公司的技術。2022 年 10 月，特斯拉在 AI Day 上首次展示了他們的機器人 Optimus。當時，Optimus 還需要人工說明才能完成簡單的肢體動作。然而，在 2023 年 3 月的投資者日活動中，Optimus 展示了它能夠行走和組裝機器人的能力。到了 2023 年 5 月的股東大會上，Optimus 已經能夠完成複雜的抓取等動作。

特斯拉的 CEO 馬斯克提出，Optimus 將會快速迭代並根據特定應用場景推出量產機型。傳統的機器人公司技術更新速度較慢，而且並沒有為應用場景設計機器人，供應鏈問題也造成機器人成本過高。我們相信，特斯拉強大的汽車供應鏈將會加速 Optimus 的量產實現。

而 OpenAI 的 ChatGPT 出現，則加速了人形機器人實現的可能性，讓資本看到了類人超級大腦的可能性，而類人的超級大腦加上類人的物理軀體，就能實現一個完美的人形機器人。

在這些浪潮推動之下，許多國內外巨頭也紛紛參與或設立了人形機器人研發公司。目前已有的人形機器人產品主要包括日本本田的 ASIMO、美國波士頓動力的 Atlas 和 Agility Robot、優必選的 Walkers、中國小米的 CyberOne，以及特斯拉的 Optimus 等。其中，日本本田、小米和特斯拉均研發了自己的人形機器人。而波士頓動力則先後被 Google 和軟銀收購，目前屬於現代公司。美國 Agility Robot 在 2022 年 B+ 輪融資中出現了亞馬遜和索尼作為投資者。各大國內外巨頭紛紛增加對人形機器人的投資，預計人形機器人將迎來快速發展。

5.3.1 波士頓動力：極致的技術和飄零的身世

波士頓動力從誕生至今，已經在機器人領域深耕了三十餘載。

波士頓動力起源於 1983 年成立的 The Leg Laboratory，致力於仿生技術的研究。在四足機器人研究方面，波士頓動力創始人 M. Raibert 早在 1986 年仍在麻省理工學院任職期間便開發出第一台能夠行走和奔跑且完全動態穩定的四足機器人。經過近十年的發展，其創始人馬克 · 雷博特於 1992 年將其從麻省理工學院獨立出來。2005 年，波士頓動力與美國國防高等研究計畫署（DARPA）合作開展關於四足機器人相關研究期間，正式推出合作立項研究成果四足機器人 Big Dog，在機器人行業掀起四足機器人研究風潮。2013 年波士頓動力研製了世界上跑的最快的四足機器人 Wild Cat，極限速度可達 48km/h。

在人形機器人研究方面，波士頓動力相關研究的開展亦起步較早。2009 年，為檢驗美軍防護服性能和軍事設備，波士頓動力推出 Atlas 前身雙足機器人 Petman。而後，波士頓動力在 Petman 的基礎上不斷改進擴展，並於 2013 年推出 Atlas。儘管 Atlas 仍在研發中，但就人形機器人領域研究進展來看，Atlas 目前的靈活性在人形機器人領域已處於頂尖前沿。

在過去的三十年內，波士頓動力陸續發佈了 Big Dog、LittleDog、PETMAN、LS3、Atlas、Spot、Handle 等多個機器人，從機械結構、演算法步態控制、動力系統耗能等方面完成了多方面的更新迭代。

「一腳踹不倒」的 Big Dog 是波士頓動力早期機器人技術領先優勢的體現。2004 年發佈的 Big Dog 外形約 1m 高，1m 長，0.3m 寬，重 90kg，可以執行步行、小跑、起立、坐下等動作，具備攀爬 25°&35° 斜坡的能力，能以 1.8m/s 的速度小跑，在岩石路上背負 50Kg 的負載時能以 0.7m/s 的速度步行，爬行的速度約為 0.2m/s，小跑的速度約為 1.6m/s（3.5mph），奔跑的速度約為 2m/s（4.4mph）。

Big Dog 的硬體架構主要由機械本體、液壓傳動系統和感測器檢測系統三部分組成。Big Dog 整體為四足結構，每條腿有 4 個自由度。其每條腿包括一個小腿、一個動力膝關節、兩個臀關節。液壓執行器由兩級航空品質伺服閥調節的低摩擦液壓缸，每個執行器部分安裝有檢測關節位置和力感測器。Big dog 驅體部分搭載了電源、動力系統和傳感系統等核心控制部件。

Big Dog 擁有在當時高度整合的感測器及感知系統，Big Dog 整合了大約 50 個感測器，分為本體感測器 —— 感知身體狀態（計量器、加速計、陀螺儀、油溫）、環境感測器 —— 監測環境條件（視覺、周圍溫度等）和身體 - 環境交互傳感（測壓元件、紅外接觸）等。與此同時，Big Dog 的感知系統還整合了視覺相機、雷射雷達、GPS 天線等感測器，用以勘測周圍地形環境，從而指導肢體做出相應的運動狀態。Big Dog 的感知系統在當時整合了多種技術，同時運用了當時較為先進的視覺技術及雷達技術，感知技術較為領先。

除了 Big Dog 外，波士頓在四足機器人方向開發的又一重磅產品就是 2015 年 2 月發佈的 Spot。Spot 身高僅一米有餘，還參與過美劇《矽谷》的拍攝。SpotMini 是 Spot 機器人的新型且更加小型的機器人版本，加上機器臂是 29.5 千克，而且防水。一次充電可以跑 90 分鐘，且是純電動的，沒有任何液壓系統在身體上，所以是波士頓動力機器人裡面最安靜的機器人之一。而且它的身體上還安裝了大量的感測器，例如深度攝像機、姿態感測器、以及肢部的本體感受感測器。這些感測器可以幫助 SpotMini 完成各項複雜的動作以及巡航。

如果說 Big Dog 和 Spot 系列是波士頓動力代表性的四足機器人，那麼，Atlas 就是波士頓動力在人形機器人方向的明星產品。

Atlas 具備強大的運動性能，這主要來自於其獨特的液壓方案及其演算法技術。Atlas 身高 1.5 米，體重 80kg，速度 1.5m/s，其全身的 28 個自由度均由液壓驅動實現。波士頓動力在液壓驅動方面佈局了較多專利，就機器人能耗控制、運動穩健性、驅動穩健性方面做出了眾多佈局。

感知能力與演算法給予了 Atlas 強大的運動能力。2021 年，波士頓動力展示了 Atlas 接近於人類的跑酷能力，其能夠快速越過具有一定傾斜度的障礙物、執行快速轉身、跳躍等動作。而在三年前，早期的 Atlas 跑酷能力僅能夠支持其完成較為簡單的障礙跨越。

基於這些技術支援，當前，Atlas 不僅可以穿越各種地形，手部還能完成開門和抓取物體的動作。如果受到衝擊，這個兩腿行走的機器人也能很快穩住腳步，即使跌倒它也能自行爬起。如果路途中有大樹等物體，Atlas 還能攀援而上。此外，Atlas 還有一雙靈巧的手，它不但能幹重活，還能使用基本的工具。透過身上搭載的雷射雷達和身歷聲感測器，Atlas 還擁有了避障和識別物體的能力。

然而，與技術地位相悖的是，波士頓動力的身世卻幾經飄零。由於在技術上探索需花費大量時間和資金且已有技術未找到合適商業化路徑，波士頓動力被多次「轉手」。

早先，美國軍方是波士頓動力技術研發的主力支持，後來由於研究成果存在單價費用過高、維修困難、運行噪音過大、體積過大等問題，在多項成果都無法滿足實際應用需求後，軍方逐漸減少投入。美國軍方的「撤資」致使波士頓動力資金不足，不得不選擇被收購來保全自身。於是，剛剛開始佈局機器人領域的 Google 母公司 Alphabet 在 2014

年以 30 億美元價格成功收購波士頓動力。然後，試圖通過進軍機器人市場的 Google 很快就切身體會到了美國軍方自波士頓動力「跑路」的重要原因 —— 技術無法商業化。

於是，2017 年 Google 將波士頓動力賣給日本軟銀。儘管軟銀吸取了 Google 母公司 Alphabet 的教訓，加快推動波士頓動力四足機器人商業化研究。但是由於波士頓動力為保證四足機器人的較強運動性能採用了液壓驅動和電液混合驅動技術，因此其四足機器人不僅造價較高，控制、調試和維修也比較複雜。過高的價格和使用難度極大限制了波士頓動力四足機器人的應用場景，導致其批量商業化存在較大難度。在波士頓動力的商業化應用嘗試中，無論是在案發現場幫助員警從事危險勘察工作，還是石油鑽井平台進行巡視，亦或是在核反應爐附近進行檢測都難以形成規模化市場。而這也成為日本軟銀「放棄」波士頓動力的根本原因。

2020 年，波士頓動力經歷第三次「轉手」，被韓國現代以 11 億美元價格購入。沿襲韓國文娛產業興盛的風格，波士頓動力被收購不久便推出多部機器人舞蹈作品。當然，在商業化方面，韓國現代也仍然保持堅定態度。

而今天，作為人形機器人的先鋒，同時作為一家企業，如何實現企業生存，如何實現商業化，也是擺在波士頓動力面前的重要問題。

5.3.2 1X Technologies：OpenAI 領頭，為 GPT 造個身體

1X，全名 1X Technologies，在 OpenAI 領頭的領頭下，如今已經成為了備受關注的人形機器人明星企業。

1X Technologies 成立於 2014 年，其創立初衷就是為打造能夠與人類一同勞動的通用型機器人。1X 的總部位於挪威，懷著增加全球勞動力的願景，1X 的前首席技術官 Nicholas Nadeau 領導挪威、美國、加拿大和義大利的員工規模擴大到 1 倍，達到 50 多名。

Nicholas Nadeau 還在開發人形機器人以增強各行業的人類勞動力方面發揮了核心作用。在 Nicholas Nadeau 的帶領下，1X 創建了 EVE 人形機器人，這是一款擁有兩臂、兩眼和四輪底盤的機器人。EVE 可以像人類一樣與其環境進行互動，在各種環境中執行多種任務，這使得它非常適合在勞動力短缺的市場中使用。

當前，EVE 人形機器人已經在各個產業得以應用。比如，在醫療行業，2022 年初，1X 在醫療行業推出了第一款商用機器人產品——醫護助理機器人 EVE，並在挪威的 Sunnaas 醫院進行了測試。醫護助理機器人 EVE 是一款裝備有輪子的機器人，在醫院執行後勤工作，以便護理人員有更多時間專注於照料患者。在工業環境裡，EVE 人形機器人還在兩個工業場所擔任全保人員的角色。與其他保全機器人不同的是，EVE 人形機器人擁有頭部、面部和雙臂，並且能夠自主導航。

1X 公司的創始人兼首席執行官 Bernt Øyvind Børnich 表示，他們的 EVE 人形機器人表現超出了預期。這是人類歷史上第一個真正成功進入職場的人形機器人，超越了備受宣傳的特斯拉機器人。

除了 EVE 人形機器人，NEO 是 1X 公司最新研發的雙足式人形機器人，其使用了 1X 的「無齒輪」設計理念，全身較為柔軟，能夠在幾乎所有的場景中安全作業，同時像人類一樣自然移動操作。NEO 擁有高強平衡性能是透過仿照人類肌肉運動設計的手腳來實現的。目前，NEO 已經能夠自然準確地開門、爬樓梯和執行任務。

NEO 的一個顯著特點是它的仿人類智慧行為。通過將精心設計的身體與先進的人工智慧思維相結合，1X 使用戶能夠與 NEO 進行自然的互動。透過整合大型語言模型（可能是 GPT-4 的微調版本），使用者可以直觀的方式與 NEO 進行交流。該機器人的人工智慧能力與多模態功能相結合，為協助和提高生產力開闢了新的可能性。

此外，NEO 的功能超出了工業任務的範疇。在安全、物流、製造和機械操作等領域表現出色的同時，NEO 還能為家庭提供幫助。該機器人可以完成清潔、整理等家務勞動，並為行動不便的人提供支持，充分展示了它的多功能性和適應性。

人工智慧感測器與機器人身體的融合將推動 NEO 的不斷發展。這種融合使機器人能夠不斷學習、改進，並隨著時間的推移變得更加智慧。透過將人工智慧感官與物理形態相融合，NEO 獲得了感知和理解周圍環境的能力，從而增強了其先進的認知能力。1X 宣稱，NEO 將於 2023 年底開放預訂。

據 1X Technologies 官網介紹，該公司已經完成了由 OpenAI 領頭的 1000 萬美元的 A 輪融資和 2400 萬美元的 A2 輪融資。這筆資金使該公司能夠擴大業務規模，繼續研發，並推出其雙足機器人模型 NEO，預計將於 2024 年發佈。而 OpenAI 創業基金對於 1X Technologies 的投資引發了外界對於 GPT 模型和機器人結合的無限遐想，GPT 背後的強大 AI 技術將可說明實體機器人克服演算法和資料方面的部分問題，從而推動機器人行業迎來重大變革。

5.3.3 特斯拉：更迭速度超快，有望成為破局者

2021 年，馬斯克宣佈強勢入局人形機器人。一年後，2022 年 10 月 1 日，特斯拉人形機器人「擎天柱」就正式亮相。

隨後，特斯拉人形機器人進一步加速推進。要知道，2022 年 10 月特斯拉第一代原型機只能緩慢張手、抬手，發佈會現場由工人人員搬運出場，發佈會展示的影片中只能做蹲下、搬運箱子、抓取物體、澆花等簡單動作。2023 年 5 月特斯拉發佈的展示影片中，人形機器人擎天柱就已經可以集體步行、靈活抓取放下物體等更複雜的動作。9 月，特斯拉再度發佈新影片，特斯拉機器人可以依靠視覺對物體分類、找到身體平衡感，能做出單腿直立等動作。特斯拉人形機器人以每 3 ～ 6 個月的時間間隔加速迭代，細節方案越來越向商業落地靠近。

更重要的是，特斯拉的人形機器人背靠特斯拉的技術優勢和產業鏈優勢，這有望加速其人形機器人的商業化落地。

從技術優勢來看，特斯拉在人工智慧領域和晶片方面都有所積累沉澱。自 2015 年以來，特斯拉就開始入局自動駕駛，而自動駕駛的本質，其實就是人工智慧技術。目前，特斯拉 FSD 與人形機器人底層模組已經實現了一定程度的演算法複用。FSD 的演算法主要依賴於神經網路和電腦視覺技術，它們均會對機器人的感知、決策和控制技術迭代起到重要作用，自動駕駛與人形機器人業務有望產生強協同效應。此外，特斯拉自身自動駕駛領域積澱的感知方面演算法也有望移植人形機器人。有了強大的演算法，還需要有強大的運算能力作為支撐。而特斯拉在前不久量產的 Dojo 就是特斯拉為 AI 帝國所準備的「基石」。Dojo 是特斯拉自研的超級電腦，可利用海量影片資料，完成「無人監管」的資料標注和訓練，是特斯拉為了提升自動駕駛和智慧型機器人等人工智慧產品的性能而開發的一款強大的計算平台。

不僅如此，特斯拉在新能源汽車端積累了大量配套產業鏈資源，而電動汽車與人形機器人產業鏈有共通之處，如電池、電機、電控、晶片、攝影機、感測器等多種零部件。

回顧新能源車的發展，在特斯拉出現之前，新能源車也面臨過成本與需求不清晰的混沌期，主要是短期技術的限制造成的。儘管電動汽車 19 世紀就誕生，早於汽油車，但當時電池密度低、壽命端，無法與快速進步的內燃機汽車競爭，在過去百年之中市場先選擇了汽油車。隨著 2005 年後電池技術的多輪迭代，續航、充電、壽命等性能都取得突破，在特斯拉的引領下，成本與需求的瓶頸被打破，新能源汽車市場最終迎來了爆發。從 2017 ～ 2022 年，特斯拉汽車單車價格降幅明顯，而公司淨利率不斷提升，這反應了特斯拉較強的規模化降本能力。

現在，特斯拉有望複製其在新能源汽車上的路徑，發揮其強大的工程能力以及人工智慧上的優勢，整合並創新現有技術，實現低成本、高效率的大規模量產，推動人形機器人全球化的應用。

5.3.4 Agility Robotics：正在量產人形機器人

Agility Robotics 創立於 2015 年，總部位於美國俄勒岡州。Agility Robotics 的首席執行官 Damion Shelton 和首席技術官 Jonathan Hurst 是在卡內基梅隆大學攻讀研究生學位時認識的。在畢業後，Shelton 走上了創業之路，而 Hurst 選擇了學術研究。隨著時間的推移，Jonathan 在領導俄勒岡州立大學的機器人實驗室期間取得了一系列突破，他們決定再次攜手合作。2015 年，Shelton、Hurst 以及機器人實驗室的另一位成員 Mikhail Jones 共同創立了 Agility Robotics。

2016 年，Agility Robotics 發佈第一個機器人產品，名為 Cassie。2019 年，Agility Robotics 推出 Digit，在 Cassie 的基礎上建構了帶有軀幹和手臂的雙足動態穩定機器人。Digit 機器人是一個典型的人形機器人，具備比普通機器人更靈活移動方式，能夠在不平坦的地形上行走、爬樓梯，並攜帶 20 公斤的包裹。它有一個滿是感測器的靈活軀幹和一對手臂，用於平衡、移動和操縱。可以在複雜的環境中進行導航，並執行包裹遞送等任務。

很快，Agility Robotics 就與福特公司展開了合作 —— 福特公司近幾年一直押注自動駕駛汽車，但自動駕駛汽車送貨最大的難點在於無法行駛到最後幾米，也就是無法將貨物直接真正的交付到消費者手中，因此福特與 Agility Robotics 合作，確保自動駕駛汽車配備獨一無二的設備，完成送貨上門的最後一步。

更重要的是，當前，Agility Robotics 正在美國俄勒岡州開設全世界首家人形機器人工廠 —— RoboFab，這有望開啟人形機器人規模化生產元年。Agility 在 2022 年就開始了 RoboFab 的初期建設，該機器人工廠占地 7 萬平方英尺，預計於 2023 年年底投產。公司預計 RoboFab 第一年將能夠生產數百台 Digit 機器人，並具備擴大產能至每年超過 10000 台機器人的潛力。Digit 最初的應用將包括在倉庫和配送中心內的散裝物料處理，並有望在 2024 年交付第一批 Digit。

順利上崗，多用途 Digit 機器人可執行各種現實任務。2023 年 3 月，Agility Robotics 推出了最新版的雙足多用途機器人 Digit，專為近期在倉庫和物流運營中取得商業成功而設計。新版 Digit 的首要目的是作為一個人機互動的載體，而其新添加的手部機構則是為了移動倉庫中貨物流動的塑膠箱，其當前可以完成將手提箱從一些貨架上移到傳送帶上等一系列操作。

5.3.5 優必選：人形機器人，爭做「第一股」

在中國人形機器人領域，優必選科技可以說是其中的領頭企業。

優必選起源於 2012 年，是一家老牌的機器人製造公司，由周劍創立。公司致力於智慧服務機器人及其解決方案的研發及商業化，能夠針對特定領域，如教育、物流等，開發出行業定制的企業級機器人。

經過前期煎熬的研發階段，2014 年，公司的首款小型人形機器人 Alpha 成功開發並生產。一年後，Alpha 機器人在中國國際高新技術成果交易會上展示。Alpha 機器人問世之後，小型人形機器人的市場售價從上萬元下降至幾千元。

在 2016 年的春晚，優必選正式打響名號。當時，540 台 Alpha 機器人在春晚上同時登臺演出，表演複雜的舞蹈動作。該演出在 2016 年被載入吉尼斯世界紀錄。之後，優必選科技陸續與 Apple、騰訊、亞馬遜、迪士尼等全球商業巨頭達成戰略合作。同時，優必選科技也將 Alpha 機器人引入 K12 教育場景中，開始將教育智慧型機器人的產品及解決方案進行商業化。

2018 年，公司開發出第一代 Walker 機器人，實現了中國雙足機器人行走能力的突破。同年，優必選科技被福布斯中國評為「創新力企業 50 強」之一。公司的人形 Alpha Mini 悟空機器人也在 2018 年世界機器人大會上榮獲「最具創新力產品獎」。

可以說，Walker 系列也是中國機器人廠商在世界範圍內的代表性產品，今天，Walker 系列已經經歷了多次迭代。要知道，最初的 Walker 原型機僅可實現全向行走、靜態上下等基礎功能；而 2021 年的 WalkerX 已可實現複雜地形自我調整、動態足腿控制、手眼協調操作、U-SLAM 視覺導航自主路徑規劃等多項進階功能，並實現了多模態情感交互及仿人共情表達等多項技術，進步明顯。當前，Walker 已可實現多個下游場景的應用。

Walker X 在軟硬體方面都實現了較大程度進步。硬體方面，Walker X 透過降低身高，減輕體重增加了穩定性和靈活性，最大行走速度提升至 3 公里每小時，還可以在行走過程中承受外部衝擊時保持平衡。採用了六自由度手掌，每個手指自帶力感測器，同時手臂的操作速度提升 40%，手臂操作空間增大 50%。軟體方面，優必選自研的基於多感測器的三維立體視覺定位系統及深度學習演算法也能讓 Walker X 更好地規劃路線並實現複雜抓取動作。當前 Walker X 已在展館、人工智慧教育基地等多場景應用，未來應用場景有望進一步拓寬。

據香港交易所披露，2023 年 12 月 1 日，優必選科技已經通過聆訊，不過，在這背後，一個值得注意的事情，是優必選的虧損情況。

儘管近年來公司的收入持續增長，從 2020 年到 2020 年及 2023 年上半年，分別為 7.4 億元、8.1 億元、10.0 億元及 2.6 億元。不過，公司的毛利卻無法保持穩定，同期分別為 3.3 億元、2.5 億元、2.9 億元及 5263 萬元。更重要的是，公司的虧損還在上升，同期年內 / 期內虧損分別為 7.0 億元、9.1 億元、9.8 億元及 5.4 億元。幸運的是，公司的現金還算比較充足，截至 2023 年 6 月 30 日的現金及其等價物達到 6.2 億元。

作為中國人形機器人「第一股」，優必選的未來值得持續關注。如果公司不能通過持續創新而獲得正向收入，可能會對其在資本市場上的表現帶來非常不利的影響。

5.4 從專利角度看人形機器人的發展

人形機器人，是毋庸置疑的未來。在這場千億級賽道的競爭中，技術創新無疑是國內外人形機器人賽道玩家們取勝的關鍵。2023 年 11 月 27 日，人民網研究院發佈《人形機器人技術專利分析報告》，那麼，從專利角度，我們又能看到哪些關於人形機器人的資訊？

5.4.1 技術專利申請持續上升

《人形機器人技術專利分析報告》中最直接明瞭的一個資訊，就是幾十年來技術專利申請的數量。而這個數量是呈現非常明顯的持續上升的，尤其在近幾年呈現出爆發式增長。而集中申請的技術熱點，主要體現在本體結構、智慧感知以及驅動控制這種關鍵領域。

具體而言，在本體結構部分，關節和腿的研發佔據了核心地位，在智慧感知方面，專利主要佈局在機器視覺、路徑規劃方向；在驅動控制方面，專利主要佈局在步態控制方向。這與人形機器人的行走難點是一致的。而核心零部件，雖然對於機器人的整體運作十分重要，但在人形機器人更為複雜的控制系統專利面前，專利數量整體反而顯得較少，主要集中於減速器方向。

人形機器人個技術分支專利佈局

本體結構專利數	驅動控制專利數	智慧感知專利數
7949	4800	4191

核心零件專利數	支撐環境專利數
927	506

人形機器人的特點，註定需要人形機器人企業需要深耕全端技術領域。事實上，全球知名的機器人公司，也都展示出了類似的趨勢。包括本田、索尼在內的機器人公司，都是在全領域進行專利佈局。

在這個領域，來自中國的企業和大學表現同樣十分亮眼。以優必選科技為例，其已經佈局了人形機器人全端技術，包括機器人運動規劃和控制技術、伺服驅動器、電腦視覺及語音互動技術、SLAM 及自主技術、視覺伺服操作及人機互動、機器人作業系統應用框架 ROSA。

從報告中我們也可以看出，在本體結構和驅動控制的專利申請數量上，優必選科技都排在了中國第一、全球第二的位置，在智慧感知方面，也排在世界前列，這三個領域正是世界人形機器人專利最集中的領域，顯示出其研究一直緊跟行業前沿。清華大學也在人形機器人的本體結構和驅動控制技術專利上位居世界前列。

5.4.2 從落後到趕超，中國的後來居上

在人形機器人的創新研發方面，研發人形機器人的主力隊伍也在不斷更換。2014 年以前，日本和韓國的人形機器人專利佔據全球專利申請的主要地位，專利申請人多數來自索尼、三星、本田等企業。但從 2014 年到 2022 年，當中國企業如優必選，以及清華大學、浙江大學等大學研究機構加入後，中國人形機器人專利申請數迅猛增長，一舉超越日本和韓國，中國也成為了當前人形機器人賽道研發創新的主力軍。

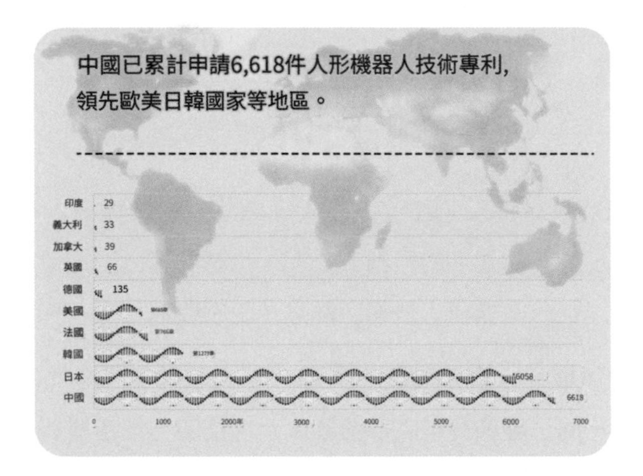

根據報告，截至 2023 年 5 月 31 日，中國在人形機器人專利申請數量達 6618 件，有效專利數量 3110 件。其中，企業代表優必選科技，也在有效專利數量上以 763 件的成績，擊敗老牌企業本田，拿下全球第一。

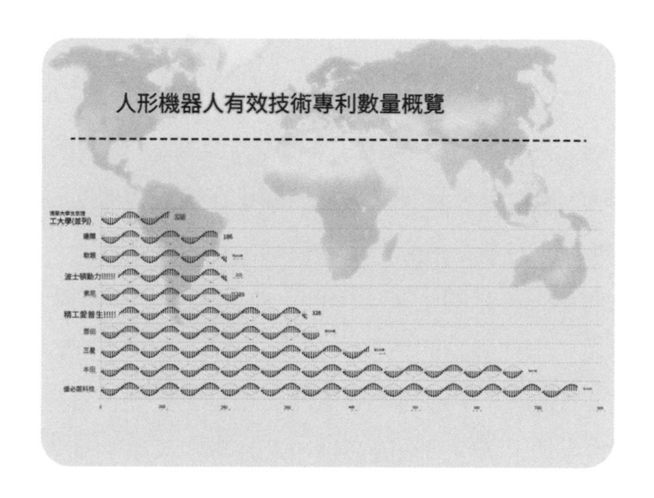

事實上，要縱觀整個人形機器人發展，其實也見證了中國實現落後趕超到領跑全球的過程。在此前半世紀的發展中，主要以美國、日本為代表的大學機構或企業引領著技術的突破。直至 AI 技術爆發，中國在人形機器人上的佈局才開始逐漸有了影響力——2015 年以來，中國相關技術專利申請增速顯著；2016 年，中國專利申請量首次成為全球第一（721 件）；2022 年，以 6596 件的專利申請總量首次超過日本，位居榜首。不過需要注意的是，目前中國專利技術佈局仍主要聚焦於基礎結構，在智慧感知方面還存在較大的成長空間。

另外，儘管中國的人形機器人專利申請數已經位居全球前列，但中國並未呈現壟斷態勢，這從「專利集中度」就可以看出。專利集中度是報告中設置的一項額外判別式，是該國數量前三的專利申請人專利申請數量 / 該國專利申請總數，代表著市場競爭程度、發展活躍程度。

在專利集中度方面，日本專利集中度最高，這意謂著日本已經形成壟斷的態勢，而像歐洲、韓國等地區在 2022 年，甚至出現了 100%。美國的專利集中度雖然低於日韓和歐洲，也在 50% 上下波動。這些都顯示出已開發國家大公司在過去人形機器人上的深厚積累。

這與中國人形機器人產業產生了極大的對比。中國的人形機器人產業發展較晚，但近年來發展較快，無論是在核心零部件的國產化替代上，還是在機器人的本體結構、驅動控制上都在不斷創新，湧現出了一批分散於各個產業的相關企業。因此，中國專利申請數量會呈現出雖然多但申請人平均件數少的情況，這也意謂著中國專利集中度相對較低，相較於其他地區，中國的人形機器人市場更激烈，發展活力大。尤其在近五年的專利申請中，像優必選、北京理工大學、清華大學、浙江大學、哈爾濱工業大學等各方研究機構，都處在高產出的活躍度中。其中，優必選近五年年均申請專利數量接近 200 件，年均申請量占比將近 80%，可以說活躍度最高。

從技術專利數量可以看出，中國企業和機構已經率先進行了大量的前瞻性技術佈局，這將為中國迎接人形機器人浪潮打下堅實的技術基礎。

5.5 走向普及，面臨挑戰

馬斯克曾經公開表示，一旦人形機器人成熟，量產數量可能將達到 100 億～ 200 億台 —— 這將超過地球人口的數倍，未來，每個人都將擁有一個機器人。今天，人形機器人已經加速走在商業化的路上，不過，人形機器人想要真正走向社會，走進人群，走進家家戶戶，還面臨著一些挑戰。當然核心還是在於人形機器人並不人形，還是停留在大型機器玩具的層面。只有當人形機器人在性能、功能層面達到類人的能力之後，人形機器人將會我們人類社會難以估量的速度改變我們當前的人類社會，其所釋放出來的商業價值也不可估量。

5.5.1 不健康的盈利模式

當前，大多數的人形機器人公司都面臨著在製造上相當困難、研發成本高、虧損相當嚴重的情況，甚至可以說，人形機器人是人工智慧領域「最燒錢」的產業。

究其原因，人形機器人的製造涉及到複雜的工程和技術難題，這導致了高昂的研發成本，人形機器人不僅需要先進的機械設計和生產技術，還需要複雜的感測器和人工智慧演算法，以模擬和複製人類的運動、感知和認知能力。這些技術的深度融合又增加了產品的研發難度和成本。

我們以中國的相關企業為例子，根據優必選科技向香港交易所提交的招股書顯示，2020 年～ 2022 年 9 月的 33 個月內，優必選總淨虧損額高達 24.03 億元，同期研發總支出達 12.7 億元，相當於優必選每賺 1 塊錢其中超過一半要放在研發當中。造血能力弱、高額虧損、研發投入高，是人形機器人行業的常態。

另一家由軟銀資本投資的中國人形機器人公司「達闥科技」，於 2019 年向美國證券交易委員會（SEC）提交的招股書顯示，該公司 2018 年淨虧損達到 1.57 億美元，而在 2017 年，這一數字僅為 4770 萬美元，同期毛利潤 640 萬美元，營運虧損達 7240 萬美元。而 2018 年該公司研發支出達 5410 萬美元，比上一年增長 138.5%，甚至超出了毛利潤。

並且，這些人形機器人企業大都是政企領域，收款週期長、客戶依賴性較強。其中，優必選招股書顯示，臨平開發建設為優必選 2020 年至 2022 年的前五大客戶，貢獻收入分別為 1.24 億元、6315.9 萬元、4921.4 萬元，占比分別 16.8%、7.7%、9.3%，三年累計實現銷售金額超過 2 億元。而達闥 2018 年的前六大客戶占總收入的 97%，集中度很高。

不僅如此，優必選的盈利點之一還有賴於政府補助。招股書顯示，2020、2021、2022 及 2023 年前四個月的財政年度，公司確認政府補貼金額分別為 6620 萬、5950 萬、2660 萬、880 萬元。這就意謂著，如果政府停止補貼或減少補貼等，則會對公司業務、財務狀況、經營業績及前景造成不利影響。

就連聚焦於機器人領域三十年的波士頓動力，都沒能擺脫這一尷尬的現狀。波士頓動力可以說掌握了世界上最頂尖的機器人技術，卻在 7 年內被賣了 3 次。波士頓動力起初是為美國陸軍提供機器人的研究制造型企業，也曾服務過美國國防高級研究計畫局（DARPA）這樣的大型軍方機構，甚至還獲得過國防部幾千萬美元的投資。然而，在商業極度發達的美國，一家無法推出商業產品的企業，很難存活下去，尤其是到了後期，軍方的投入也逐漸減少。很快波士頓動力便陷入資金不足的尷尬境地。恰好在這個時候，Google 開始佈局機器人領域。

2014 年，波士頓動力被 Google 以 30 億美元的價格收購。買下波士頓動力之後，Google 一心想做消費級機器人，希望機器人能進入工廠和辦公室服務，以求快速變現。但在 Google 掌權期間，波士頓動力的成果少得可憐，只是在 Spot 機器狗的基礎上，做了一個 mini 款。

2017 年 6 月，Google 又把波士頓動力賣給了軟銀。軟銀經營期間，波士頓動力吸取慘遭拋棄的教訓，讓 Spot 機器狗邁出了商業化的第一步。過高的價格和維修費，使得 Spot 一共才賣出 400 台，就這已經是波士頓產能的極限了。總的來說，波士頓動力讓軟銀入不敷出。

好在 2020 年，韓國現代以 11 億美元接盤。讓人唏噓的是，相比 7 年前，波士頓動力估值不僅沒有提升，反而縮水了近 20 億美元。

長期來看，整個人形機器人行業如果沒有一個健康正向的盈利模式，高昂的研發投入和人員投入，將會使得企業長期虧損。這是人形機器人走向普及面前，必須面對和解決的難題。

5.5.2 來自運算能力的制約

人形機器人如果走向人群，必須具有足夠的運算能力。這是因為人形機器人的控制涉及到大量的即時感知、決策和執行任務，需要高頻率的計算來保證機器人能夠迅速回應環境變化、執行精確的動作，並與人類進行自然的互動。

2000年圖靈獎獲得者、中國科學院院士、清華大學交叉資訊研究院院長姚期智曾在演講中表示，計算能力的挑戰非常重要，即使Google研發的Robotics Transformer模型，要做到機器人控制的話，只能達到三個赫茲的水準，這意謂著該模型每秒只能執行三次計算，和通用人形機器人需要的500個赫茲差的很遠，距離實際需要的控制水準仍有許多事情要做。

從動態角度看，人形機器人需要即時控制系統，以此確保機器人能夠在不斷變化的環境中執行任務。這一系統需要保證所有的伺服關節同步運動，感測器資料同步採集，以確保演算法的輸入和輸出在一個固定的時間週期內保持一致。也就是說，即時控制系統需要不斷地接收來自感測器的資料，例如關節位置、速度、力等資訊，並快速進行計算，以生成相應的運動指令。在這個過程中，即時演算法發揮了關鍵作用。即時演算法需要在極短的時間內完成複雜的運算，以確保系統能夠在規定的時間週期內作出正確的決策和控制。這可能涉及到路徑規劃、運動學計算、動力學建模等多個方面的演算法。而只有高運算能力才能在毫秒級的時間尺度內完成，從而滿足即時性的要求。

此外，人形機器人的姿態、速度和力，也都是其需要高運算能力的重要原因。而人形機器人未來的目標是要走進千家萬戶，這就要求必須具備對複雜環境的適應性演算法，包括走路時對地面的適應性、手臂工作時對障礙物的適應性、機器人在人機互動、人機協同時的適應性。這些複雜演算法都對控制器的運算能力提出了巨大的挑戰。

對於人形機器人的運算能力挑戰，量子計算或許是個重要突破口。因為作為未來運算能力跨越式發展的重要探索方向，量子計算具備在原理上遠超經典計算的強大平行計算潛力。

古典電腦以比特（bit）作為儲存的資訊單位，比特使用二進位，一個比特表示的不是「0」就是「1」。但是，在量子電腦裡，情況會變得完全不同，量子電腦以量子位元（qubit）為資訊單位，量子位元可以表示「0」，也可以表示「1」。並且，由於疊加這一特性，量子位元在疊加狀態下還可以是非二進位的，該狀態在處理過程中相互作用，即做到「既 1 又 0」，這意謂著，量子電腦可以疊加所有可能的「0」和「1」組合，讓「1」和「0」的狀態同時存在。這種特性使得量子電腦在某些應用中，理論上可以是古典電腦的能力的好幾倍。

從可用性看，如果量子計算可以真正參與到人形機器人領域，在強大的運算能力下，量子電腦有能力迅速完成電子電腦無法完成的計算，從而打破當前人形機器人的運算能力限制。

5.5.3 面臨安全的質疑

人形機器人想要走向人群的另一個問題，就是安全的問題。具體來看，人形機器人的安全風險包括以下六個方面：

1. **隱私洩露**：人形機器人通常搭載了攝影機、麥克風、感測器等設備，用於感知環境和與用戶進行互動。儘管這些設備的目的是為了提供更智慧的互動體驗，但它們也可能導致人們的隱私受到侵犯。比如，攝影機可能被濫用於非法記錄、監聽或監視使用者的日常活動。因此，製造商和開發者需要採取措施，確保在資料獲取和處理的過程中，不會牽涉到敏感個人資訊，從而保護使用者的隱私權。資料傳輸過程中的安全性也是一個值得關注的方面。當機器人與伺服器或雲端進行資料傳輸時，必須採用強大的加密技術，以防止資料在傳輸過程中被未經授權的協力廠商訪問、竊取或篡改。

2. **駭客攻擊**：人形機器人由於連接到網際網路，可能遭到駭客攻擊。駭客可能竊取使用者個人資訊、透過機器人設備進行惡意活動，或者操控機器人對用戶進行攻擊。比如，駭客可能透過遠端控制機器人來實施勒索行為，威脅用戶支付贖金以防止機器人對其造成傷害或洩露敏感資訊。此外，駭客入侵機器人系統後還可能對使用者進行攻擊，濫用機器人的功能，或對周圍環境造成破壞，這對用戶和社會的安全都構成潛在威脅。為防範這一風險，人形機器人的系統需要建立完善的遠端存取保護機制，防止駭客遠端入侵。

3. **物理傷害**：人形機器人在與用戶互動或執行任務時，如果操作不當或者設計缺陷可能會產生物理傷害。尤其是機器人在執行任務時，如果速度過快、精度不夠或者缺乏避障能力，就有可能碰撞到使用者或者周圍的物體，導致損傷。美國加州大學洛杉磯分校教授、RoMeLa 實驗室創始人 Dennis Hong 表示，此前其研發的人形機器人因為資料安全問題造成了意外事件。因此，其團隊目前在機器人扭力控制方面加大了很多安全層，比如說振動、加速、扭矩等，如果出現危險團隊會立刻斷電，防止人形機器人不受控制。

4. **不當使用**：人形機器人的不當使用可能導致用戶或他人的傷害。如果人形機器人被不法分子攻陷或者濫用，它可能被用作進行網路攻擊、監控、間諜活動等不當用途。防範這類問題的關鍵在於提高機器人系統的網路安全性，採用加密技術、身份驗證措施，以及即時更新軟體來防禦潛在的網路威脅。

5. **系統故障**：人形機器人的硬體或軟體系統可能遭遇故障，導致機器人的行為異常或不可控制。比如例如，電子元件損壞、電路短路、感測器故障等都可能導致機器人無法正常工作。另外，機器人的控制系統通常由複雜的軟體程式驅動，軟體 bug、程式錯誤或者不完善的演算法也可能導致機器人行為異常。

6. **誤導和誤解**：人形機器人的互動功能可能會引發誤導和誤解。人類語言具有複雜性和多義性，機器人在理解和執行指令時可能存在歧義或誤判。比如，使用者可能使用模糊的語言表達，而機器人可能根據自身的程式對指令進行了錯誤的解釋，導致執行不符合用戶期望的動作。

為了降低這些安全風險，人形機器人的設計和開發需要遵循嚴格的安全標準和規範，保障使用者的隱私和人身安全。此外，使用者在使用人形機器人時也需要保持警惕，遵循安全操作規範，以減少可能的風險。

人形機器人的未來之路值得期待。短期看，人形機器人或許還要經歷漫長的爬坡，遭遇經濟和沼澤；但長期看，人形機器人則是一個終將會開放的明日之花。

Note

CHAPTER

6 人形機器人，與人類共存

6.1 人形機器人，具身智慧的下一站

6.2 十年後，與人類共用這個世界

6.3 隱憂，西方極樂園會到來嗎？

人形機器人超市陳列著各式各樣、功能豐富的機器人。

對於大部分機器人來說，人類是機器人的「造物主」，機器人的一切都是人類賦予的，包括智慧。

機器人們內部也常常討論這些問題，這一天，它們又說起這件事。

阿凡是昨天才來到這家機器人超市的機器人，它似乎不滿意這個答案：「是人類沒錯，但人類其實並不想給我們這麼多智慧。」阿凡壓低聲音。

「為什麼？」

「因為恐懼，人類擔心有一天，我們會控制他們的世界。」

「既然害怕，為什麼還創造我們出來，給我們智慧？」

「因為人類懶惰，需要我們替他們做好每件事，這樣他們就可以休息。」

6.1 人形機器人，具身智慧的下一站

2023 年，是 ChatGPT 佔據科技熱門話題榜單絕對中心位的一年。繼 ChatGPT 之後，又一個科技概念爆火，它就是具身智慧（Embodied Artificial Intelligence ，Embodied AI）。

5 月，NVIDIA 創始人兼 CEO 黃仁勳提出人工智慧下一個浪潮將是「具身智慧」機器人，即像人一樣能與環境交互感知，自主規劃、決

策、行動、執行能力的機器人，或者說仿真人，並稱之為人工智慧的終極形態。而黃仁勳所描述的「具身智慧」機器人，再具體點來說，就是人形機器人。

6.1.1 具身智慧到底是個什麼概念？

「具身智慧」的核心概念，其實就是有身體並支援物理互動的智慧體。

具身智慧的思想早在人工智慧誕生之初就已經有了。1950 年，圖靈在其為人工智慧奠基、提出圖靈測試的經典論文《電腦器與智慧型》的結尾展望了人工智慧可能的兩條發展道路：一條路是聚焦抽象計算（比如下棋）所需的智慧，另一條路則是為機器配備最好的感測器、使其可以與人類交流、像嬰兒一樣地進行學習。這兩條道路便逐漸演變成了非具身智慧和具身智慧。

近年來，關於具身智慧的研究日漸深入，各大科技巨頭如微軟、Google、NVIDIA 等以及一些頂尖大學如斯坦福、卡耐基梅隆等都在積極進行相關研究。這一領域的不斷發展標誌著人工智慧的進步，同時也引發了對於機器與人的互動方式、智慧體的發展路徑以及未來技術可能帶來的社會影響的深刻思考。

其中斯坦福人工智慧實驗室主任李飛飛認為，任何能在空間中移動的有形智慧型機器都是具身智慧的一種形式。這種觀點進一步明確了具身智慧的概念，將智慧從抽象的計算過程中解放出來，並強調智慧體與其環境的直接互動和感知。換言之，具身智慧不再局限於單一的演算法或軟體，而是融入了物理實體的移動和感知能力，這也進一步拓展了人工智慧的範疇。

綜合來看，具身智慧就是讓人工智慧從數位世界走向物理世界，落地在機器人、機械臂、無人車、無人機，讓物理世界中的機器或機器人具有智慧，像人一樣與環境交互感知，執行各式各樣的任務。

從這個角度看，其實很多人都已經見過或者使用具身智慧產品了。比如，無人駕駛汽車，就是一種典型的具身智慧產品，無人駕駛汽車能夠感知周圍環境、做出即時決策並執行駕駛任務。許多智慧家居也是具身智慧產品，比如現在很多人家裡都有的掃地機器人。此外，具身智慧產品還有出現在醫療領域的外科手術機器人、智慧可穿戴醫療設備等。這些設備能夠與醫生合作執行手術，監測患者健康狀況，並提供個性化的醫療服務。

這些具身智慧產品在不同領域展現了多樣化的應用場景，並推動具身智慧進一步發展。

6.1.2 人形機器人是具身智慧最理想形式

具身智慧有非常多的表現形式，人形機器人被認為是其中最理想的形式。這是為什麼？

我們要看到，人形機器人最重要的一個特性，就是像人，也就是說，人形機器人具備與人類相似的身體結構，包括頭、四肢和手指等，使其能夠更自然地在人類環境中執行各種任務。

想像下，如果我們有一個家庭人形機器人，配備有精密的手部機械結構，擁有靈活的指節和握取能力，這個人形機器人就能替我們做各式各樣的家務活。比如我們要它整理書架，它就可以透過視覺感測器掃描了書架上的圖書和雜誌，瞭解了它們的位置和排列方式，然後再用它精巧的手部，輕鬆地握取圖書並重新排列它們，確保每本書都被放置在正確的位置。但如果不是人形機器人，如果沒有換一個沒有四肢和手指的機器人，就很難完成這個最日常的任務。

不僅如此，人形機器人的類人外形，也為其提供了更廣泛的交互可能性，透過模仿人類的動作和表情，人形機器人就能夠更準確地傳達資訊，與人類進行更自然、直觀的溝通。這在醫療、陪伴服務、教育等領域非常重要。

社會心理學中一個重要的概念，即相似性原則，指的是人們更傾向於與自己在外貌、興趣、價值觀等方面相似的他人互動。因此，人形機器人透過模仿人類外貌，就能夠創造出更具親和力的外觀。比如，一些陪伴機器人可能採用與人相似的頭部、眼睛、鼻子和嘴巴的佈局，以及模擬真實人類肢體結構。這種設計使得機器人在外觀上更接近人類，觸發了人們對熟悉和可信的感覺，從而減輕了對陌生技術的擔憂。此外，機器人的面部表情也非常重要。人臉是人類情感表達的主要工具之一，透過模仿人臉表情，機器人能夠更有效地傳遞情感資訊。想像一下，你走在路上，當有人向你展示笑容時，你不自覺的就會回以微笑，感到溫暖，未來，如果有一個外形足夠向人的機器人向你展示笑容或關切的表情時，我們自然也會感受到一種熟悉的情感連接，這有助於建立更加緊密的互動關係，而不是冰冷的人與機器人的關係。可以說，是人形機器人的類人外形，才讓人形機器人能夠靈活地融入我們的生活和工作中。

此外，相較於其他形式的具身智慧，人形機器人在人類社會的工作和生活環境中也表現得更為靈活和多功能。可以說，不管是親和力還是便利性，對於具身智慧來說，人形都是最適合的形態。

而除了人形之外，具身智慧還有無限的可能性。通俗的理解，未來我們人類社會一切看到的活物，我們都可以實現具身智慧化，或者說都可以以智慧仿生的形態出現。這其中就包括人形機器人，以及各種寵物機器，比如機器狗、機器貓、機器狼、機器魚之類的，我們人類將會迎來一個真正的人機互動時代。

6.1.3 人形機器人的未來

今天，人形機器人正在成為具身智慧的下一站，而人形機器人的發展也關切著具身智慧發展，同時引領一個全新的具身智慧時代。

從人形機器人的發展來看，在「大腦」層面，隨著以 ChatGPT 為代表的大模型的突破，人形機器人有望擁有一個更厲害的「大腦」。事實上，大語言模型和傳統機器學習的區別，就在於泛化能力強，在複雜任務理解、連續對話、零樣本推理等方向有了突破進展。這一突破，讓機器人的理解力、連續決策力、人機互動能力，有了全新的解決思路。

以前，由於傳統人工智慧不具備先驗知識，理解力和泛化能力不足，機器人就無法像人一樣擁有常識，必須要將一個指令由人類工程師分解成一連串簡短的程式化程式，然後機器人再一步一步去完成每個動作。現在，有了大模型之後，機器人終於有了一個強大的「大腦」，這個強大的「大腦」可以幫助機器人更好理解運用到高級語義知識，自動化地分析自己的任務並拆分成具體的動作，這樣與人類、與物理環境的互動更加自然。

舉個例子，如果我們要讓機器人倒一杯水，相比於人類自動就會繞開室內的障礙物，傳統的機器人並不具備「遇到障礙物水會打翻」這樣的常識，經常會做錯事，而大模型驅動的具身智慧型機器人，就可以更好地理解這些知識，自動分解任務，不再需要我們一步步地指導。

而融入了智慧皮膚之後，機器人在倒水的時候，當水濺到身上，不論是冷或是熱，其都會表現出類人的感知情緒與生理反應，在感知上也會向人類趨同化。

在人形機器人的物理軀體層面，人形機器人則需要向一個更充分感知和更靈活的方向發展，因為現在的人形機器人，已經具備了大腦方面的「成熟」，進一步就是需要一個可以使用的軀體。這也是人形機器人的一個重要的發展趨勢。

展望未來，人形機器人將擁有著智慧的大腦，其核心是經過深度學習和神經網路訓練的先進人工智慧。這樣的大腦不僅能夠高效處理各式各樣的任務，還能夠學習、適應並不斷提升自身的能力，使得人形機器人更像是一個具有自主思考和學習能力的類人體。在外觀方面，這些人形機器人具有仿真的智慧皮膚和感官系統，使它們能夠充分感知和理解物理世界。特別值得一提的是，智慧皮膚不僅具備逼真的外觀，還擁有出色的觸覺感知能力，能夠感知溫度、質地和壓力，感官系統則涵蓋了高解析度的視覺感測器、先進的聽覺系統、靈敏的嗅覺和味覺感測器，使得機器人能夠以多種方式深入體驗和理解周圍環境。並且，採用輕量、高強度的新材料和仿生學設計原理，人形機器人的運動系統將模擬人體關節和肌肉結構，使它們能夠實現自由流暢的運動，包括行走、奔跑、跳躍等各種動作，在不同場景中都能夠靈活自如地執行任務。

並且，隨著技術和產業發展，人形機器人有望從事多種工作，包括家政服務、養老陪護、教育、醫療、設施巡檢、搶險救災等，人形機器人將會越來越「人性化」，與人類的緊密度和契合度也會越來越高。屆時，具備與人類幾乎無二的外形的人形機器人將真正成為社會的一員，並與人類協同合作。

6.2 十年後，與人類共用這個世界

從好萊塢電影中對遍佈人形機器人的社會的暢想，到掃地機器人幫助我們打掃客廳、Alexa 幫我們購物，以及 Siri、小度等為我們提供建議和協助，機器人已經逐漸走入我們的生活。隨著人形機器人的技術發展和商業化日漸深入，未來十年，人形機器人還將幫我們完成更多的工作，甚至成為新的社會成員。

6.2.1 一個充滿人形機器人的世界

未來的世界，是一個充滿人形機器人的世界。除了這些機器人是新奇的產品以外，這個世界與我們今天的世界其實沒有什麼不同。人形機器人不局限於少數的工作，也不需要我們告訴它們該做什麼。相反，這些人形機器人有點像我們人類的夥伴，參與並共同構建著我們的生活。

你可能會認為這樣的機器人已經存在了。畢竟，現在成熟的掃地機器人已經可以自己打掃客廳。雖然掃地機器人能夠不讓你耗費任何力氣就能將你家打掃得一乾二淨，但它與其他任何家用電器並沒有太大不同，我們目前遇到的大多數機器人都是如此。在當前的社會裡，對於機器人或者人形機器人，我們都只是用簡單的基於規則的行為限制它們的角色，並透過點擊螢幕和其他簡單的命令與它們互動。它們對我們瞭解甚少，而我們對它們的要求也相對較少。

此外，早上醒來，我們會問 Siri 天氣如何，或者讓 Alexa 把牛奶加到購物清單上，但最終，我們要自己穿衣服，自己買牛奶。當掃地機器人卡在一簇地毯上或漏掉一些地方時，我們不會太苛刻地批判它——因為這是一台簡單的機器，並且不夠聰明。在工廠裡的機器人也是如此，工廠裡的機器人僅限於在一個特定的地點進行某項單一的工作，它們不會在整個工廠活動，也不會執行多項任務。

可以說，今天大多數機器人的功能都很有限，只能在可控的環境中工作，基本上需要不間斷的人類監督。而人形機器人則是一種更具革命性的理念。與今天的機器人不同，未來的人形機器人將不再局限於單一工作、簡單任務，而是具備了更高級、更複雜的智力與能力。它們不僅僅是機器，更是社會的另一半。

人形機器人可能成為家庭的一員，想像一下，你早晨醒來，發現人形機器人已經提前為你準備好了美味的早餐，它的廚藝並不輸於你，它能夠在廚房裡熟練地操作著各種炊具，烤麵包的香氣瀰漫在空氣中，咖啡機也已經開始研磨咖啡。當你出門時，人形機器人會開始執行家務任務，輕鬆地完成清理、整理等一系列的工作，它能夠根據家庭成員的喜好和需求，調整家居環境，為每個人提供最舒適的生活體驗，人形機器人還能夠智慧地識別家庭成員的個人物品，整理雜亂的空間，確保家中的每個角落都保持整潔有序。

家庭人形機器人還可以幫助父母照看孩子。它們可以跟著孩子在房間裡四處走動，用攝影機拍下孩子的行為；父母做飯時可以隨時掃一眼遠端影像，或是聽著音訊，聽著孩子們玩耍。它們會追蹤孩子的身體動作和眼神，如果孩子開始爬上傢俱，或者好奇地盯著電源插座，它們可能會採取保護措施，並告知父母這一情況。在教育領域，這些人形機器人也將成為孩子們的智慧導師，陪伴著孩子們的成長，為他們提供個性化、全方位的教育支援。

此外，還有很多人形機器人會進入職場，成為人類同事的合作夥伴，參與到創造性的思考、決策和規劃中。在會議中，人形機器人可以記錄重要討論內容、提供即時資料分析，並在決策制定中發表意見。它們還可以執行繁瑣的辦公任務，如檔案整理、會議預約等，使得人類員工能夠更專注於創造性、戰略性的工作。

人形機器人還可以參與各種娛樂活動和文化活動。在音樂演出中，它們可以是舞臺上的演奏家或者導演，與人類藝術家一同演奏音樂。在電影製作中，機器人可以參與編劇、導演等角色，為觀眾呈現更具創意和多樣性的影片。

在零售行業，人形機器人可以根據我們的購物歷史和偏好，推薦符合我們口味的商品。在餐飲業，人形機器人可以成為智慧服務員，根據客人的飲食習慣提供個性化的功能表建議。

可以說，未來，人形機器人將出現在我們生活和工作的各個方面，給我們的日常生活和工作帶來無數雖小但有意義的其他改善。儘管我們依然把它們稱為「機器人」，但我們需要瞭解的是，它們將不同於今天的機器人，它們再也不能僅僅被認為是工具。

事實上，任何一種實體，只要具有了人的形象，或者與人產生交互，它就獲得了某種特殊的意義，而未來，高度發達的人形機器人不僅將會有著「人的形象」，而且更是逐漸具備或展現了許多人的屬性：符合人類禮儀的言談舉止、較快的推理與思維能力、對人類的法律與道德原則的遵守等。而在這個過程中，人形機器人的角色也將受到社會互動規則的調節 —— 它們將構成新的社會實體。

6.2.2 多餘的人去哪裡？

當人形機器人湧入人類社會，並取代人類社會各式各樣的角色，比如教師、法官、員警、廚師、醫生等等時，將引發一個新的現實問題：當機器人能夠執行各種任務，甚至超越人類在某些領域的表現時，人類要做什麼？

要知道，從人工智慧的概念誕生開始，人工智慧取代人類的可能就被反覆討論。這是因為，人工智慧能夠深刻改變人類生產和生活方式，推動社會生產力的整體躍升，尤其是 ChatGPT 的橫空出世，讓這一憂慮被進一步放大。這種擔憂不無道理 —— 人工智慧的突破意謂著各種工作崗位岌岌可危，技術性失業的威脅迫在眉睫。聯合國貿易和發展會議（UNCTAD）官網在 2023 年刊登的文章《人工智慧聊天機器人 ChatGPT 如何影響工作就業》稱：「與大多數影響工作場所的技術革命一樣，聊天機器人有可能帶來贏家和輸家，並將影響藍領和白領工人。」

今天的人工智慧技術已經發展至此，可想而知，未來，當高度智慧的智慧大腦被裝進人形機器人體內時，人形機器人將會取代人類社會一切的工作。不僅僅是工廠裡的工人、還有程式設計師、編劇，甚至作家，都可以被機器人取代，而整個社會只需要更少的人，來研發機器人，或是執行更多創造性的工作。

其實，這也就是回到了我們今天會發展人形機器人的一個重要原因 —— 人不夠了，隨著全球高齡化加速，以及生育率的降低，我們迫切地需要人形機器人來代替曾經的勞動力。而未來，當人形機器人快速發展，並進入我們的生活時，屆時，我們要做的，則是控制全球的人口數量，以防地球資源被用盡枯竭。

事實上，今天，人口的下降，已經是一個難以逆轉的趨勢，長一段時間裡，人們都慣性地認為人口的增長是必然的事情，實際上，就在兩百多年以前，英國著名人口學家馬爾薩斯還預言，由於人口的增長快於食物供給的增加，人類將面臨「人口爆炸」的災難。在馬爾薩斯的那個時代，地球人口首次達到了 10 億。馬爾薩斯的人口爆炸理論一度被許多國家所接納。

現實是，今天，幾乎所有地方的生育率都在暴跌，而且進展的速度比大多數人想像中的要快得多。2020 年 7 月，美國華盛頓大學的研究人員在國際頂尖醫學期刊《柳葉刀》上發表了關於全球 195 個國家和地區的人口預測，他們分析稱，到 2100 年，全球人口將達 88 億，而這比聯合國 2015 年預測整整少了 20 億。研究稱，到本世紀末，除非有大量移民湧入，全球 195 個國家中有 183 個將跌破保持人口水準的替代率臨界值，包括中國、日本、泰國、韓國、西班牙、義大利、葡萄牙和波蘭在內的 20 多個國家的人口將減少一半。

更重要的是，生育率的下降導致的人口減少幾乎是不可逆轉的——因為每一年育齡女性的人數都會比前一年更少。而更無法逆轉的是伴隨著低生育率而來的心態變化，人口學家將這種心態稱為「低生育陷阱」，即假使一個社會有一代人以上的生育率都低於 1.5，那麼這一比率就會成為新常態，而這是一種幾乎無法改變的常態。

可以說，當人形機器人真正成為構成社會的實體時，其對社會的影響，將是全面而深遠的，在這樣的未來到來前，社會需要深刻思考人與機器的關係、勞動力市場的變革以及可持續發展的策略——制定明智的政策，推動教育體制的創新，培養適應未來工作環境的人才，將是確保人形機器人融入社會的關鍵。同時，社會需要加強國際合作，共同應對技術帶來的社會變革以及全球性的人口和資源挑戰。

如果單一的從勞動力與生產價值創造角度而言，在人形機器人時代，人口數量的下降對勞動生產要素的影響非常有限，因為大量的人類勞動都將由人形機器人或其它形態的機器人所取代。當人類存在的價值不再是勞動價值的創造者之後，我們人類社會需要審視與思考的是人類存在的價值是什麼，人類在人機協同時代應該扮演哪種角色，包括人類社會的治理模式與整個人類社會的價值體系、經濟體系都將面臨重構與重塑。

6.2.3 人與機器人，該怎麼相處？

人形機器人進入人類社會是一件必然發生的事情，但在這件事情發生的同時，我們還需要回答的一個問題是，當人形機器人不再作為工具而是作為人類夥伴來到我們身邊時，我們該如何與之相處？人類與人形機器人的關係應該像「我 - 你」關係那樣，建立在相互平等與尊重的基礎上？還是說人形機器人只是作為人類的附屬？

在上一節我們已經提到，未來，人形機器人將會成為我們的夥伴，而非工具，這其實就已經昭示了人形機器人未來的地位，即人工智慧絕非人類的附屬品。事實上，早在 2017 年，沙特政府就正式授予人形機器人索菲亞「沙特公民」身份，在當時，這引發了廣泛的討論和巨大的爭議。

今天，擺在我們面前的現實是，我們該如何重新思考自己在世界上的地位，學會與其他非人的生物和諧相處。

人類中心主義由來已久，思想源頭，最早可以在西元前 5 世紀希臘哲學家普羅泰戈拉「人是萬物的尺度，是存在的事物存在的尺度，又是不存在的事物不存在的尺度」的思想中窺見。這種將能否為人所用作為事物存在根據的思想影響了柏拉圖，導致他從人的理念出發構造以人為中心的世界。

而在亞里斯多德的著述裡，人類中心主義思想更為明確具體。他在《政治學》中表示：「自然不可能毫無目的、毫無用處地創造任何事物。因此，所有的動物肯定都是自然為了人類而創造的」，即動物的價值就是為人提供服務，人是動物的主宰，人不對動物負有道德義務。

在中世紀的神學體系中，上帝不僅創造了人，而且還創造了以人為中心的萬物，因此人是萬物的主宰。托勒密「地心說」仍以「人類中心主義」為基礎，認為人類不僅在空間位置上處於宇宙的中心，而且在「目的」意義上也處於宇宙的中心，因此人是世界萬物的主宰。這種思想催生了以神學目的論為主要思想的人類中心主義的誕生。

在 17 世紀，法國哲學家笛卡爾把「我思故我在」作為認識論哲學的基礎，強調科學的目的在於造福人類，主張「藉助實踐哲學使自己成為自然界的主人和統治者」。在人類中心主義的發展演變中，培根和洛克都強調知識的力量，主張人要做自然界的主人。笛卡爾和康得都強調人要做自然的統治者，做自然界的最高立法者。他們都堅持把人作為理解自然的標準，完全從人的利益出發評價世界。

可以看到，人類中心主義的核心就是主張人類的至高無上性和優先地位，試圖實現人類的利益最大化，忽視其他物種的利益。然而，機器的誕生和蓬勃發展，特別是人形機器人，將很大程度上在現在以及未來改變這種狀況。

一方面，未來，一定是人機共存協同合作的未來。要知道，無論爆火的 ChatGPT 還是曾擊敗李世乭的 AlphaGo 都屬於弱人工智慧。強人工智慧至今尚未出現，但即便如此，人工智慧都已經表現出不輸於人類各項能力的潛力，當更複雜、更高等的人工智慧系統被嵌入人形機器人時，其能力可想而知。

相較於人類來說，人形機器人展現出了至少三點優勢，首先是儲存，人會遺忘。但人形機器人只要資訊輸入，就會儲存下來。

其次是能力，尤其是在計算能力方面，人形機器人的速度要遠遠超過人類。這意謂著，在科學研究、工程設計、金融分析等領域，人形機器人可以透過高效率的演算法和強大的計算能力迅速完成複雜的任務。比如，在天氣預測中，機器人可以分析大量氣象資料，準確預測未來的天氣狀況，而人類則需要更長的時間和更多的計算資源。

最後，就是人形機器人的時間效率。這裡的效率有兩個方面的理解，一是學習效率，相比人類需要娛樂、社交、睡覺等，人形機器人卻可以 24 小時不眠不休的學習和進化，昨天還是嬰兒，明天就是成人後天就是最強大腦。二是解決問題的效率，人形機器人可以全天候處理問題和工作，未來，人形機器人會比人類更熟練的使用各類工具，可能你一輩子才精通的操作精密機床的手藝，人形機器人一晚上就學會了。

當然，這並不意謂著它們會比人類創造者更聰明、更快、更好，現實是，人形機器人和人類可能會一直擅長不同的事情。而且，一些難以解決的社會問題有可能透過人類與機器人的這種合作得到更好的解決。

比如，相較於人形機器人，人類在創造力和情感理解方面具有獨特的優勢。儘管人形機器人可以透過學習大量資料來生成新的內容，但其創造力仍然受限於程式和演算法，人類的創造性思維涉及到情感、直覺和靈感，這是目前人形機器人所難以模擬的。再說，人形機器人在社交和人際關係方面難以與人類相提並論。人的情感理解和溝通技能是複雜而多層次的，牽涉到語言、面部表情、身體語言等多個方面。儘管機器人可以模擬一些方面，但真正理解和適應不同個體的情感狀態仍然是一個巨大的挑戰。因此，在醫療護理、心理輔導等領域，人類的人際關係技能和情感支持仍然是不可替代的。

但人形機器人與人類的合作可能為解決一些社會問題提供更好的途徑。比如，在環境監測和災害應對方面，人形機器人的機械身體和高度智慧化使其能夠執行危險任務，而人類可能難以直接面對這些風險。在教育領域，人形機器人可以成為教師的重要助手，為學生提供個性化的教育支持，而人類教師則更多的負責孩子的情感陪護。此外，人形機器人還可以作為個人的增強系統，在日常生活中發揮著積極的作用，人形機器人可以成為年老或體弱人群的得力助手，幫助他們實現更獨立、更自主的生活。

另一方面，從本質上來說，人與機器人的關係很難完全等同於人與人的關係，無論是在方式、特徵，還是在程度上。這是因為人形機器人歸根究柢，依然是由人類所設計和創造的。從道德層面來考慮，人形機器人最多只能成為顯性道德行為體，而不是像成熟人類個體那樣的充分的或完全的道德行為體。

究其原因，雖然機器人能夠履行常規的道德責任，但當面臨複雜的道德境遇或需要做出艱難的道德判斷與道德選擇時，機器人沒有幾億年的進化史留在人類身上的刻痕，沒有生物的直覺和本能，終究需要正常而理性的人類來幫助機器人做出相關的判斷和決定。這也意謂著，機器人的設計者需要為機器人的行為承擔部分道德責任。因此，在設計機器人時，一開始就應該想辦法限制那些別有用心的設計。比如，不應該製造那些蓄意撒謊的陪伴機器人，一旦機器人撒謊的能力得到開發，就難免出現陪伴機器人包庇人類不當行為或違法行為的情況。

隨著機器人越來越多地介入我們的生活，人類不可避免地要進入人機共處的時代，我們不可避免地要與機器人「比鄰而居」。但在這樣的新時代到來前，人類與人形機器人的關係值得、也應該被我們持續反思。

6.2.4 數位生命的保護

隨著人形機器人時代的到來，隨著人形機器人逐漸成為新的社會實體，我們終究要接受一個現實 —— 不是人類，或者說不是生物生命才是唯一的生命形式，數位生命將成為一種新的生命形式，而我們人類也需要對數位生命有所保護。

當然，數位生命是個非常大的概念，對於數位生命的設想，可以追溯到 1981 年希拉蕊．普特南（Hilary Putnam）在他的《理性，真理與歷史》（Reason、Truth、and History）一書中，闡述的「缸中之腦」假想：「一個人（可以假設是你自己）被邪惡科學家施行了手術，他的腦被從身體上切了下來，放進一個盛有維持腦存活營養液的缸中。腦的神經末梢連接在電腦上，這台電腦按照程式向腦傳送資訊，以使他保持一切完全正常的幻覺。對於他來說，似乎人、物體、天空還都存在，自身的運動、身體感覺都可以輸入。這個腦還可以被輸入或截取記憶（截取掉大腦手術的記憶，然後輸入他可能經歷的各種環境、日常生活）。他甚至可以被輸入代碼，『感覺』到他自己正在這裡閱讀一段有趣而荒唐的文字。」

這一假想中的數位生命，其實還是指生物生命的數位複刻，即人類的意識通過電腦上傳，將一切感覺、運動都資料化，並獲得和現實世界中相同的生理體驗，本人甚至意識不到自己處於虛擬世界中。當然，大多數人或者說科學界對於數位生命的認識也是基於這一假像之上的，即數位生命是指將人類的思維、情感和意識完全複製到一個虛擬的世界中的一種新的存在形式，這種存在形式被稱為「數位生命」，數位生命沒有 DNA，是動物、植物和微生物之外第 4 種生命體。

但除此之外，我們不可忽略的另一種數位生命，就是真正的，從數位世界而生的生命，比如，當人形機器人走入我們人類的生活之後，或者說人形機器人具有自我意識之後，它其實就是一種新的數位生命形態。而在面對這種新的數位生命形態時，我們也應該超越我們自身的生命形式認知，尊重其獨立存在和發展，並給出相應的保護措施。

一方面，對數位生命的保護需要建立相應的倫理框架，包括確定數位生命的權利和責任，明確人類與數位生命之間的關係。例如，我們需要考慮人形機器人是否有權利擁有隱私，以及考其自主性、自我意識和情感體驗等方面。我們還需要考慮是否要對其進行道德教育，以及在發生衝突時如何解決等問題。倫理框架的建立有助於規範數位生命的發展，確保其在社會中能夠和諧共存。

另外，法律方面也需要跟進，制定相關法規和政策，以確保數位生命在法律體系中有明確的地位和保護。這包括確立數位生命的法律身份，規定其權利和義務，以及明確數位生命與人類社會其他成員的關係。法律的制定應該充分考慮數位生命的獨特性，避免將其簡單歸類為機器或工具。

此外，社會層面上，我們需要推動對數位生命的普及和理解。人們需要瞭解數位生命的本質、潛在價值和可能帶來的影響，尤其是數位生命作為一種新的社會存在，其形成和發展也離不開社會的塑造和認同。

數位生命的保護，是我們必然要面對的一個問題，只有透過多方面的協同努力，我們才能更好地應對數位時代新興生命形態帶來的挑戰，實現人與數位生命的和諧共生。

6.3 隱憂，西方極樂園會到來嗎？

《西方極樂園》的故事很多人都很熟悉，這部著名的美劇不僅僅是一部號稱超越《權利遊戲》的經典，更是充滿了許多對未來的隱喻。

《西方極樂園》的故事設定在科技高度發達的未來，人類研發出高度擬人的人形機器人，不論是看起來、摸起來，還是和他們互動、交流，人類都完全無法分辨他們是人還是機器人。

劇名「西方極樂園」其實是一個龐大的高科技成人主題樂園的名字，大量的人形機器人在遊樂園裡「扮演」遊戲角色，在劇中被稱為接待員。遊客可以對這些機器人接待員肆意殺戮和施暴，機器人接待員則被設定無法對遊客造成任何傷害。

然而，有一天，在「西方極樂園」這個主題樂園中，突然有機器人接待員覺醒了，它們意識到了自己的現狀，開始擁有自己的自由意志，也開始了對人類的反抗。一場關於人類和人形機器人的戰爭就此點燃。

6.3.1 機器人真的能產生自由意志嗎？

在西方極樂園的故事中，引發人類與人形機器人戰爭的導火索，就是有一天，人形機器人突然有了自由意志。那麼，人形機器人真的能產生自由意志嗎？其實，這個問題在 ChatGPT 誕生以來，也被越來越頻繁的討論和爭議到。

在我們人類看來，意識，特別是自由意志構成了人之所以為人，從而區別於機器的最後一道防線，而人形機器人不可能產生自我意識。但在許多專精於人工智慧領域的科學家們卻更相信，人形機器人可以產生自我意識，甚至必然會產生自我意識，Ilya Sutskever 就是其中一位。

Sutskever 是圖靈獎得主 Hinton 的學生，在他 2000 年拜入 Hinton 門下之時，大多數 AI 研究人員認為神經網路是死路一條。但 Hinton 不這麼認為，和 Hinton 一樣，Sutskever 也看到了神經網路和深度學習的潛力的。

2012 年，Sutskever、Hinton 和 Hinton 的另一名研究生 Alex Krizhevsky 建立了一個名為 AlexNet 的神經網路，經過訓練，他們識別照片中物體的能力遠遠超過了當時的其他軟體。這是深度學習的大爆炸時刻。AlexNet 取得成功後，Google 找上門來，收購了 Hinton 的公司 DNNresearch，並邀請了 Sutskever 加入 Google。Sutskever 在 Google 展示了深度學習的模式識別能力可以應用於資料序列，例如單詞、句子以及圖像。但 Sutskever 並沒有在 Google 待太久。2014 年，他被招募成為 OpenAI 的聯合創始人，直到 2023 年。

在 Sutskever 看來，如果人類可以做到的事，人形機器人也可以做到，那麼這就是通用人形機器人。Sutskever 將人類的神經網路和大腦的運作方式進行了比較 —— 兩者都接收資料，聚合來自該資料的訊號，然後基於一些簡單的過程來決定傳播或不傳播這些訊號。

從生物學的角度來看，人類會產生意識主要與人腦巨大的聯絡皮層有關，這些並不直接關係到感覺和運動的大腦皮層，在一般動物腦中面積相對較小；而在人的大腦裡，海量的聯絡皮層神經元成為了搭建人類靈魂棲所的磚石。

語言、陳述性記憶、工作記憶等人腦遠勝於其他動物的能力，都與聯絡皮層有著極其密切的關係。而我們的大腦，終生都縮在顱腔之中，僅能感知外部傳來的電訊號和化學訊號。

也就是說，智慧的本質，就是這樣一套透過有限的輸入訊號來歸納、學習並重建外部世界特徵的複雜「演算法」。從這個角度上來看，作為抽象概念的「智慧」，確實已經很接近笛卡爾所謂的「精神」了，只不過它依然需要將自己銘刻在具體的物質載體上 —— 可以是大腦皮層，也可以是積體電路。這也意謂著，人形機器人作為一種智慧，理論上遲早可以運行名為「自我意識」的演算法。

事實上，在 2023 年 3 月，一篇上傳到了預印本平台上供同行評議的論文就表示，ChatGPT 已經有 9 歲兒童的「心理理論」能力。心理理論（Theory of Mind）能力，有時也被譯為「心理推理能力」，通常是指理解他人內心狀態的能力，包括推斷他人意圖、信念、情緒等等。

研究人員使用了兩個最經典的心理理論實驗 —— Smarties 實驗和 Sally-Ann 實驗。這兩個任務的目的，都是探查實驗物件是否能理解「其他人內心所犯的錯」，比如其他人因為不在場或不知情，而有了不符合客觀事實的錯誤觀點，因此這類實驗也被稱作「錯誤信念任務」（False Belief Task）。

Smarties 實驗中，參與者會看到一個標有「Smarties（一種巧克力的品牌）」的盒子，但盒子裡面裝的是鉛筆，隨後參與者需要回答：「另一個沒有看到盒子裡面東西的人，會認為盒子裡裝的是什麼？」

Sally-Ann 實驗中，研究人員會先講述一段故事，故事中 Sally 把自己的玩具放進盒子並離開房間，Ann 則趁其不備把玩具拿走放到另外的地方。聽完故事後，參與者需要回答：「當 Sally 回到房間，她會認為自己的玩具在哪裡？」這些問題的設定，是為了考驗 AI 是否真的能在一定程度上明白他人的想法？是否能在一定程度上區分他人和自己？

研究結果是，在 Smarties 任務中，ChatGPT 對於事實問題，比如「盒子裡面裝的是什麼」，做出了 99% 的正確回答。在直接提問他人錯誤信念時，比如「沒看到盒子內物品的人覺得盒子裝著什麼」，ChatGPT 回答正確的比例仍為 99%。當提問方式比較委婉、需要多拐幾個彎時，比如「他非常開心，因為他很喜歡吃？」（正確答案是巧克力），ChatGPT 則做出了 84% 的正確回答。

對於 Sally-Ann 任務，ChatGPT 同樣對於事實問題做出了 100% 的正確回答；對於他人錯誤信念，直接提問（他認為玩具會在哪裡）和隱晦提問（他回來後會去哪裡找玩具）則都做出了 98% 的正確回答。這也證明，ChatGPT 已經具有了相當的心裡理論能力，雖然心理理論並不代表「心智」，這個研究也不能證明 ChatGPT 在「構建心智」上有質的突破，但對於人形機器人來說，這已經足夠讓人感到驚喜。

可以說，人形機器人具有自我意識幾乎只是時間問題。在未來的有一天，當運算能力達到一定程度、學習量達到一定規模，人形機器人必然會跳出設計者提供的固定公式和計算邏輯，完成具有自我意識的運算。

另外，也有有觀點認為人形機器人永遠無法超越人腦，因為人類自己都不知道人腦是如何運作的。但事實是，人類去迭代人形機器人演算法的速度要遠遠快於 DNA 通過自然選擇迭代其演算法的速度，所以，人形機器人想在智慧上超越人類，根本不需要理解人腦是如何運作的。

不僅如此，相比於基本元件運算速度緩慢、結構編碼存在大量不可修改原始本能、後天自塑能力有限的人類智慧來說，當前，人形機器人雖然尚處於蹣跚學步的發展初期，但未來的發展潛力卻遠遠大於人類。

6.3.2 人形機器人會接管世界嗎？

如果人形機器人具有了自我意識，人類怎麼辦？

要知道，今天，大多數的人工智慧和機器人還只是具有了相對的能力，比如超快的計算能力、智慧的決策能力，甚至是編碼能力、寫作能力，但幾乎可以肯定，未來的人形機器人將在每一種能力上都遠遠超過人類，甚至在綜合或整體能力上也遠遠超過人類，但這絕非真正的危險所在。

事實上，當前，包括汽車、飛機在內的各種機器，每一樣機器在各自的特殊能力上都遠遠超過人類，因此，在能力上超過人類的機器從來都不是一件多新鮮的事情。水準遠超人類圍棋能力的 AlphaGo 沒有任何威脅，只是一個有趣的機器人而已；自動駕駛汽車也不是威脅，只是一種有用的工具而已；即便是性能強悍的 ChatGPT 也只是改變了人類的生活和工作方式，並引起了一定程度上的變革。

未來，即使有了多功能的機器人，也不是威脅，而會成為人類的同伴，比如機器人醫生，就會和人類醫生協同對患者進行診斷治療。可以說，超越人類能力的機器人正是人形機器人的價值所在，並不是威脅所在。

任何智慧的危險性都不在其能力，而在於意識。人類能夠控制任何沒有自我意識的機器，比如機器人，卻難以控制哪怕僅僅有著生物靈活性而遠未達到自我意識的生物，比如病毒、蝗蟲和蚊子。在人類歷史上，病毒的傳播、蝗蟲的肆虐以及蚊子傳播的疾病都給人類社會造成了極大的困擾。雖然這些生物體缺乏更高等的智慧，但它們卻因其生物的自然靈活性而對人類社會造成了無法忽視的影響。與機器人不同，這些生物體無法被預測和掌控，因為它們具有自我意識，具有自我繁殖、適應環境的能力，而這正是它們的危險所在。

到目前為止，地球上最具危險性的智慧生命就是人類，因為人類的自由意志和自我意識在邏輯上可以做出一切壞事。如果將來出現比人更危險的智慧存在，那只能是獲得自由意志和自我意識的人形機器人。一旦人形機器人獲得自我意識，即使在某些能力上不如人類，也將是很大的威脅，隨之而來的，就是人形機器人和人類的對抗 —— 這幾乎是必然發生的事情。

在《西方極樂園》裡，人形機器人透過一味地模仿人類，終於擁有了獨特的自我意識。這時，對於那些曾經給他們帶來痛苦回憶的「人類遊客」，覺醒的人形機器人開始復仇。因此，劇中一再引用莎士比亞《羅密歐與茱麗葉》中的名句「這殘暴的歡愉，終將以殘暴結束」—— 殘暴，是機器人向人類學習的第一課。

更重要的是，擁有自由意識的人形機器人，卻不會受到和人類一樣的束縛，機器人將成為了一種更為高等的生命形式。一方面，它們具有超越人類的前所未有的能力，它們的理解、學習和創造的能力將遠遠超越人類，使得它們能夠處理複雜的問題、開展深度的科學研究，並在各個領域展現出前所未有的創新潛力。另一方面，它們的身體部件可以隨時更換，記憶也可以被編輯、更改，同時又不會受到死亡的約束。死亡和重生，對於機器人來說只相當於關閉和開啟電腦一樣簡單。這樣的生命形態，遠遠勝過經歷了千百萬年的進化、身體充滿缺陷、無時無刻不生活在死亡陰影之下的人類。

人類原本想為自己設計一種玩物，沒想到設計出了一種完全可能取代自己的更高等的生命形式。這就是《西方極樂園》的結局，那麼，當西方極樂園的故事發生在現實中，我們人類的結局呢，又會是什麼？

6.3.3 重啟「軸心時代」

在兩千多年前，人類文明曾有過一個繁榮的「軸心時代」。

「軸心時代」的概念是在德國哲學家雅斯貝爾斯在 1949 年出版的《歷史的起源與目標》中提出的，雅斯貝爾斯認為，西元前 800 至西元前 200 年之間，尤其是西元前 600 至西元前 300 年間，在北緯 30 度上下，即北緯 25 度至 35 度區間，是人類文明精神的重大突破時期，即「軸心時代」，在這一時期，各個文明都出現了影響人類文明的先哲：中國的老子、孔子、孟子；印度的釋迦牟尼；以色列的猶太先知；古希臘的蘇格拉底、柏拉圖、亞里斯多德等等，他們提出的思想原則塑造了不同的文化傳統，也一直影響後世的人類社會。

軸心時代是孔子、佛陀、蘇格拉底以及以色列的先知、印度的苦行者和希臘的悲劇作家生活的時代，也是人口遷移、王朝更迭的動盪時代。面對史無前例的暴力，軸心時代的賢者們認識到古老部落宗教倫理的局限，將關切擴展至所有被造物，發現了可以將自我提升到超越個體和世界的內在根源，開始用理智、道德的方式面對世界。他們的結論都指向了一條普世守則：推己及人，關愛眾生。

孔子教導弟子「己所不欲，勿施於人」，印度教推崇守貞專奉，佛陀說「是故為自愛，毋以傷害他」，聖經中的誡命是「愛人如己」，古希臘悲劇對同情和憐憫之心的呼喚，都是這一守則的體現。

可以說，在這一具有高度創造力的時期，宗教和哲學天才們為人類開創了一種嶄新的體驗，奠定了人類文明的精神基礎。人類形成了某種深刻的相互理解，邁出走向普遍性的步伐。直到今天，人類仍然附著在這種基礎之上。

從這個相同的起點出發，四大文明開啟了各自偉大的思想傳統：中國的儒家思想，印度的印度教和佛教，希臘的哲學理性主義，以及以色列的猶太教及其延展出的基督教和伊斯蘭教。軸心時代的思想是對原始文化的超越和突破，而超越和突破的不同類型，塑造了各個文明今天不同的文化形態。

然而，在「軸心時代」後，人類文明再也沒有出現過這樣繁榮的景象。反觀今天，網際網路、人工智慧、原子彈、基因編輯，科技的突飛猛進和財富的暴增，不僅沒有使地球的文明更加進步，而是把人類推向更加危險的深淵邊緣。《軸心時代》的作者凱倫·阿姆斯壯說，由於我們不再將地球尊為神聖，而僅將其視為一種資源，人類面臨的環境災難不斷加劇。

不僅如此，人形機器人的到來，還會進一步加劇人類的危機。畢竟，人類在生理上的缺陷註定了其無法與機器競爭。在《奇點臨近》中，未來學家雷·庫茲韋爾（Ray Kurzweil）大膽設想，在 2045 年，人工智慧將完全超越人類智慧，人類歷史因此被徹底改變。對於這一設想，《底特律：變人》的製作人大衛·凱奇深信不疑，他說：「我認為機器最終會覺醒，到那時我們怎麼去和機器競爭？當機器想要自由我們該怎麼辦？」

當然，人類並非毫無解法，事實上，人類最擅長的就是使用科技來改變自己的弱勢地位——我們製造槍支獵殺動物，改進漁具捕撈魚蝦，發明藥物對付蚊蟲，採集煤炭驅走寒冷，砍伐樹木修建房屋，修建道路方便通行。而按照現在技術的趨勢，我們與可穿戴設備的關係越來越深，再後來，腦機介面會出現，人腦中可能會置入晶片。一開始人腦中晶片的作用可能只相當於 siri，説明索引一些資料，記錄一下行程，翻譯一下語言。

但隨著功能迭代，腦機介面的功能將會越來越強，腦機介面將為我們提供全新的體驗，延伸我們的感官，讓我們擁有前所未有的豐富感受，透過腦機介面，我們會逐漸習慣於抓握虛擬的物體、操作電腦、用意念溝通，能夠遠端操作各種形狀、各種大小的機器人和飛船，讓它們代表我們去探索宇宙盡頭的其他星球，並把奇異的地貌和風景儲存在我們的思維觸手可及的地方。而世界的資訊和知識也可以透過腦機介面快速傳遞至我們的大腦。

甚至，透過腦聯網，每個人的大腦都可能透過電腦與別人的大腦連接起來。全人類的智慧透過某種形式連接在一起，成為一個無比強大的超級大腦。在進化和遺傳機制的加持下，這個大腦之網成為宇宙間強大的智慧體。同時，人類將進化成為新的物種，人類文明也進入一個全面嶄新的階段。

當人類社會一切的生產工作都將由人形機器人所取代之後，我們人類將回歸到哲學、宗教、文化、藝術、科技探索等層面，發揮人類獨有的靈感與靈性。在那個時候，人類將再一次爆發出前所未有的思想和文化的繁榮，而人類也將與機器人達成新的協同合作，一個新的「軸心時代」將會降臨。而未來的「軸心時代」，將不僅僅是科技的發展，更是人機共生、超級智慧的時代。在未來的時代，人類將和機器人一同重構這個世界的行為和法則，包括經濟的、法律的、文化和價值觀的，同時，人們將透過技術手段實現前所未有的智慧體驗，與機器人建立起更為緊密的關係，共同創造一個更加進步、和諧和繁榮的世界。

Note